ARRÊTONS D'AVOIR PEUR !

DU MÊME AUTEUR

Les Nouvelles Maladies infectieuses, « Que sais-je ? », Presses universitaires de France, 1999.

Les Nouveaux Risques infectieux : SRAS, grippe aviaire, et après ? Lignes de repères, 2005.

Dépasser Darwin, Plon, 2010.

De l'ignorance et de l'aveuglement : pour une science postmoderne, e-book Kindle, Amazon, 2012.

Votre Santé – Tous les mensonges qu'on vous raconte et comment la science vous aide à y voir clair, Éditions Michel Lafon, 2015.

Pr DIDIER RAOULT

ARRÊTONS D'AVOIR PEUR !

SANTÉ – ENVIRONNEMENT – CLIMAT
FLUX MIGRATOIRES ET SOCIÉTÉ

La science vous aide à y voir clair

Michel LAFON

118, avenue Achille-Peretti – CS 70024
92521 Neuilly-sur-Seine Cedex

www.michel-lafon.com

À mon épouse Natacha pour son aide permanente.
À nos enfants et beaux-enfants et à mes petits-enfants.
Merci !

INTRODUCTION

Accepter le changement

Bien sûr, « ce n'est plus comme avant ». Mais si un tel regret avait été le moteur de l'humanité, on en serait encore au temps des cavernes. Certes, nous assistons depuis peu à une accélération des changements. La mondialisation, le flux de migrations inattendues, l'arrivée de nouveaux microbes venus d'ailleurs, le renversement de la prééminence de certaines grandes puissances, le déclin de l'hégémonie de la pensée occidentale, les crises économiques dans de nombreux pays, et la Terre qui s'y met elle aussi, avec un climat erratique, l'été qui perdure en hiver, les mers qui avancent sur les plages, la faune et la flore en danger, bref, des changements considérables, survenus en un temps relativement court.

Or l'Homme a toujours eu peur du changement. Une aubaine pour les penseurs sans aucune référence scientifique qui nous promettent le pire, oubliant que nous avons déjà connu, dans le passé, une première mondialisation, de vastes mouvements de populations, la disparition de grands empires, des destructions de la biosphère suivies de réapparitions de plantes et d'animaux, ainsi que des épidémies et catastrophes, souvent imprévisibles comme on le verra dans ces pages.

Ce livre n'a pas pour but d'apaiser les angoisses ambiantes en promettant un avenir radieux, soit ici-bas soit dans un au-delà problématique, ni de fournir des recettes de mieux-être, les religions et les philosophies s'en chargent. Il s'agit ici de considérer les événements avec un esprit scientifique. Or la science ne fait ni prédictions ni promesses. Elle constate et a l'obligation de prouver. Ce qui permet à cet ouvrage de remettre les choses en place, en balayant nombre d'idées reçues, souvent anxiogènes et génératrices de division, voire de haine.

Ainsi, pour mettre fin aux polémiques de tous bords concernant le sujet, les « races » n'existent pas. *Homo sapiens*, l'homme moderne, est le produit de copulations entre Neandertal et Cro-Magnon et depuis, l'Homme a été le fruit de métissages permanents.

Par ailleurs, la théorie de Darwin, selon laquelle l'évolution se ferait de façon progressive, est inexacte. L'évolution est faite aussi de catastrophes naturelles, d'épidémies exterminatrices, et il y a déjà eu des périodes d'extinction massive des plantes et des animaux : nous vivons d'ailleurs la dernière… depuis dix mille ans ! L'évolution est cyclique, après chaque phase de destruction, la vie reprend ses droits, de nouvelles espèces voient le jour et se multiplient.

Quant à la sélection des meilleurs, c'est un leurre dangereux qui a conduit aux thèses racistes et esclavagistes en Europe au XIXe siècle. Les plus forts d'un moment ne peuvent pas s'empêcher d'user de leur force, ils n'en ont jamais assez, un jour ils vont trop loin et s'écroulent (Empire romain, Napoléon, Hitler). Un mondc développé et sophistiqué peut tomber sous les coups de butoir de quatre cents hommes, comme c'est arrivé à Pékin avec Gengis Khan.

Une autre idée très répandue est que l'Homme, la civilisation et le monde évoluent vers de plus en plus de complexité. Ce mythe de la complexification, une des grandes idées de Darwin, a été repris par le sociologue et philosophe Edgar Morin. Mais l'évolution n'est pas rectiligne ! Certains organismes ont au contraire tendance à évoluer vers plus de simplicité. Dans mon laboratoire, nous avons été les premiers à montrer que les microbes les plus dangereux pour l'homme (tuberculose, typhus) sont des versions simplifiées de leurs cousins moins nocifs, et non pas des microbes suréquipés et plus intelligents, comme beaucoup le pensaient. Or en se débarrassant des gènes inutiles pour leur nouvelle spécialité, ces microbes deviennent plus efficaces, certes, mais aussi plus fragiles et s'éteignent rapidement dans de nouvelles circonstances.

On pourrait comparer ce phénomène à ce qui se passe de nos jours, avec les technologies modernes. Les « meilleurs » en la matière sont les plus spécialisés et sont d'autant plus vulnérables : devant tout changement de l'écosystème – variations climatiques, sociétales, économie chancelante, pauvreté, etc. –, ils seront sans défense car incapables de faire autre chose que ce en quoi ils excellent. En cas de famine, être un génie de l'informatique est moins utile que de savoir faire pousser quelques légumes dans un carré de jardin. Tous les habitants des grandes villes doivent être spécialisés pour bien vivre, mais si notre civilisation disparaissait pour une raison ou une autre, ce seraient les hommes polyvalents et bricoleurs qui survivraient et non pas les énarques parisiens…

Cet ouvrage retrace les grandes lignes de l'histoire humaine afin de faire comprendre l'inanité du racisme, afin de rester calme devant les migrations, les mutations de la Nature et autres changements inéluctables – que l'Homme en soit responsable ou non –, et de remplacer la peur par une gestion raisonnable des phénomènes sociétaux auxquels il faut faire face. Bref, ce livre nous incite à vivre et survivre ensemble.

Il nous incite aussi à bien vivre avec notre corps… et tous les êtres vivants qui l'habitent !

Les multiples découvertes scientifiques faites en ce début de XXIe siècle, en particulier lors des dix dernières années, nous amènent à changer notre regard sur le corps humain.

Nous subissons l'influence de l'écosystème extérieur – climat, épidémies, et informations catastrophistes. Quand on sait que des rats soumis au stress en laboratoire transmettent un comportement anxieux à leurs descendants sur trois générations, on s'inquiète pour nos propres enfants ! Raison de plus pour ne pas en rajouter avec des déclarations alarmistes sans fondement sérieux.

Il faut savoir aussi que le corps humain n'est pas une entité fixe, ni totalement « humaine » ! Pour une cellule humaine, on compte 100 bactéries, 1 000 virus, des champignons, des archées… Tout ce monde-là se livre un combat permanent et nous protège des pathogènes étrangers. En plus, nous recevons des cellules extérieures tout au long de notre vie ; lors des transfusions, des greffes, de la grossesse pour les femmes : une mère peut recevoir des cellules masculines de son fils. Tout aussi étonnant, 8 % de notre génome est constitué de gènes de virus ancestraux que nous avons « cannibalisés » pour nous en protéger, tout comme certains peuples tribaux mangeaient leurs ennemis pour « prendre » leur force.

Ces nouvelles connaissances ne servent pas seulement à mieux comprendre et accepter ce que nous sommes : elles sont aussi porteuses de bonnes nouvelles. Elles vont nous permettre de concevoir des traitements révolutionnaires – voire d'éradiquer de nombreuses maladies, en particulier le cancer et le sida.

Quant à l'avenir de la planète et des êtres humains, je me bats contre toutes les modélisations mathématiques prédictives. Scientifiquement, il est impossible de prévoir l'avenir. D'où l'inutilité de pronostiquer des lendemains abominables ! Face aux prophéties apocalyptiques sur les changements climatiques et les nouvelles épidémies, l'Homme ne devrait pas tant s'inquiéter. D'une part parce que l'anxiété et le pessimisme font notre malheur. D'autre part parce que la remarquable inventivité humaine et la créativité du vivant lui-même, comme l'attestent de récentes études sur l'ARN, nous réservent de belles surprises pour remédier aux problèmes à venir. Nous sommes à l'aube de découvertes exceptionnelles.

Cependant tout est en mutation permanente, et nous pourrions peut-être même – un jour – subir le sort des dinosaures ! Nous n'avons pas les moyens de gérer l'avenir. Occupons-nous plutôt de toutes les possibilités que nous offrent les techniques et sciences contemporaines pour gérer les problèmes immédiats. Et continuons de chercher. Aujourd'hui encore, nous demeurons ignorants dans de nombreux domaines.

Reste Dieu… et les religions auxquelles l'Homme fait appel depuis la nuit des temps pour tenter de répondre à l'absurdité de sa durée de vie et à son incompréhension de la marche du monde. Bien qu'étant un athée sceptique, je comprends les religions, sauf quand elles génèrent l'obscurantisme et la haine. Après tout, chacun est libre de définir comme il le veut la source du code génétique, et ce n'est pas une raison pour se faire la guerre.

Didier Raoult
Professeur de microbiologie, directeur de l'Unité de recherche des maladies infectieuses et tropicales émergentes à la faculté de médecine de Marseille, et directeur de l'Institut hospitalo-universitaire Méditerranée Infection

– PREMIÈRE PARTIE –

DES CAPRICES DES DIEUX AUX THÉORIES DE L'ÉVOLUTION

L'HOMME À LA RECHERCHE DE SA PLACE DANS LE MONDE

Qui sommes-nous ? D'où venons-nous ? Depuis la nuit des temps, les hommes ont essayé de définir leur place dans le monde et tenté de comprendre le sens de leur existence.

À l'époque gréco-romaine ils attribuaient souvent leurs malheurs à la colère des dieux. Pour Pythagore et les tenants de la migration de l'âme après la mort dans un autre être vivant, les tribulations de notre courte existence n'avaient pas tant d'importance au regard de l'échelle de temps de l'Univers. Cette croyance en la réincarnation perdure aujourd'hui chez les hindous, ce qui influence leur vision du monde. La plupart des philosophes grecs anciens, dits « présocratiques » (même si certains étaient des contemporains de Socrate), pensaient que tout était en changement perpétuel et que l'être lui-même était instable. Cette vision des choses, mise à l'écart pendant des siècles, apparaît aujourd'hui très pertinente pour appréhender les découvertes de la génétique.

Ce sont toutefois les philosophies de Socrate, Platon et Aristote qui ont eu le plus d'influence sur notre manière de penser en Occident. Elles introduisent les notions d'âme, de démiurge créateur et du Bien. Reprises par le christianisme, ces idées ont considérablement marqué notre civilisation. Pour les religions monothéistes, notre passage sur terre revêt un sens particulier puisque c'est une épreuve avant le jugement dernier qui nous conduira au paradis ou en enfer. En outre, le mythe de la Genèse et celui d'Adam et Ève imprègnent notre imaginaire collectif.

Les mythologies et les religions, pour moi, sont des tentatives pour répondre à l'absurdité de la durée de vie et à l'incompréhension de la marche du monde. Il est important de comprendre comment notre philosophie a été marquée par l'adoption de la pensée d'Aristote, par les chrétiens en pratique, au moins jusqu'à la Renaissance. Après la remise en cause du géocentrisme par Galilée puis Newton, des réflexions différentes vont émerger dans le domaine de la physique. Puis au XIXe siècle, les philosophes, en premier lieu Nietzsche, vont faire voler en éclats la vision aristotélicienne du monde.

Quand les hommes se sont plus ou moins libérés de la religion, à partir du XIXe siècle en Occident, ces croyances ont été remplacées par des explications pseudoscientifiques, à l'instar du darwinisme, du marxisme et de la psychanalyse. Ces nouvelles formes de « religions » ont proposé, chacune à sa manière, de rationaliser le développement de la vie, en théorisant le rôle de la sélection naturelle, de la lutte des classes ou des frustrations de la petite enfance. Si ces idées brillantes ont apporté beaucoup à la connaissance, elles ne permettent pas de donner une explication globale du monde.

Les théories subissent également l'influence du contexte culturel et religieux où elles prennent forme. Notre mode de pensée en Occident, y compris en sciences, est structuré par la mythologie grecque et les religions monothéistes. Le darwinisme a été inspiré par la chrétienté, quoi qu'on en dise, et par le capitalisme anglais. Les théories scientifiques ont au fond beaucoup de similitudes avec les religions puisqu'elles sont une tentative d'explication cohérente du monde dans une culture donnée. Elles sont utiles pour faire avancer la connaissance dans un domaine précis mais deviennent dangereuses lorsqu'elles prétendent expliquer le monde dans sa globalité. D'ailleurs, les philosophes des sciences du début du XXe siècle, comme Karl Popper et Thomas Kuhn, ont très bien montré la nécessité de faire évoluer voire de renverser les théories pour faire avancer les connaissances.

Or les théories de l'évolution qui ont succédé à celle de Darwin n'ont jamais remis en cause la thèse de leur mentor, alors même que les découvertes récentes infirment de nombreux éléments de sa théorie. Il serait temps de proposer une nouvelle façon de penser l'évolution et la nature de l'Homme.

– 1 –

DE L'HISTOIRE DES RELIGIONS À L'HISTOIRE DES SCIENCES

Notre vision du monde, de notre nature, de nos origines et de notre avenir est largement influencée par notre culture et les préjugés liés à nos croyances. Il est très difficile de s'en détacher car nous baignons dedans depuis toujours. Une manière de tenter de sortir de notre aveuglement culturel consiste à retracer l'histoire de notre civilisation afin de comprendre comment la pensée des grecs anciens, très hétéroclite et ouverte, a été ensevelie au Moyen Âge et remplacée par la pensée unique d'Aristote et de la chrétienté jusqu'au XIXe siècle. En prenant conscience de l'ascendance sur notre mental des croyances ancestrales, des mythes et des récits de la Bible, il est possible d'ouvrir les yeux sur une réalité plus riche et créative, creuset de nouvelles découvertes en sciences et en médecine.

Paradoxalement c'est la pensée des philosophes grecs anciens comme Lucrèce et Démocrite, très en avance sur leur temps, qui permet de mieux comprendre les observations récentes en génétique et microbiologie.

Selon eux, « tout change en permanence ». Cette conception de la vie est bien différente de celle véhiculée pendant des siècles par la chrétienté et l'idéalisme d'Aristote. D'après le récit de la Genèse, tous les humains, les animaux et les plantes ont été créés une fois pour toutes par Dieu au commencement du monde et n'ont pas évolué depuis. Ce mythe a encore une influence sur notre culture occidentale, en particulier dans les pays protestants comme les États-Unis, plus attachés à une lecture littérale de la Bible.

Pour les Grecs anciens, les origines de l'Homme sont au contraire multiples. Dans la mythologie, les hommes ont des ancêtres animaux ou divins et leur nature est changeante et diverse, incluant des chimères et autres monstres. Et pour eux, la vie ne tend pas vers un mieux, ni la croyance en une finalité de l'existence, propre à notre civilisation chrétienne. C'est pourtant cette vision aristotélicienne qui va rester prégnante jusqu'à la fin du XIXe siècle en Occident et qui va freiner le développement de la pensée scientifique.

Aujourd'hui encore, je vous invite à relire les penseurs de l'Antiquité, mais aussi à vous intéresser aux religions hindouiste et bouddhiste afin de comprendre qu'il existe des visions du monde très différentes de la nôtre. Enlevons nos œillères et l'horizon s'élargira.

La Grèce antique : une civilisation avant-gardiste

Mi-homme, mi-femme, Hermaphrodite est un personnage de la mythologie grecque doté des attributs des deux sexes. Il y a plus de deux mille ans les Grecs de l'Antiquité, dont nous sommes les héritiers, valorisaient donc un « troisième sexe » dans leur imaginaire collectif. Quelle remarquable preuve de lucidité ! La culture hellénique ancienne était paradoxalement plus ouverte aux différences que la nôtre.

Pour les Grecs anciens, l'Homme n'est pas uniforme et a des origines multiples

De fait, les « hermaphrodites », dont le sexe est indéterminé à la naissance, ne sont pas reconnus dans nos sociétés soi-disant modernes. Représentant un faible pourcentage de la population, ces individus ne sont pas pris en compte en tant que tels puisqu'il n'existe pas de « troisième genre » en France. Cela pourrait toutefois évoluer dans les années à venir, comme l'atteste une victoire judiciaire médiatisée en août 2015 : une personne intersexuée a obtenu du tribunal de grande instance de Tours, pour la première fois en Europe, de faire inscrire la mention « sexe neutre » sur son acte de naissance. Le parquet a toutefois fait appel car il craint que cela remette en cause la notion de binarité des sexes. La société impose aujourd'hui aux « hermaphrodites » ainsi qu'à leur famille de choisir entre sexe féminin et sexe masculin. Les Grecs anciens ont probablement eu moins de peine à accepter des individus au « sexe indéterminé » car leur culture était plus ouverte aux formes atypiques.

Vous souvenez-vous des Myrmidons ? C'est le « peuple fourmi », ces redoutables guerriers qui combattent au côté d'Achille contre les Troyens dans l'*Iliade* d'Homère. Selon la mythologie grecque, ce peuple aurait été créé par Zeus à partir de fourmis transformées en hommes. C'est un autre exemple de la vision très large des Grecs quant à l'ascendance de l'espèce humaine. Pour eux, les hommes peuvent avoir des ancêtres animaux ou divins et les origines ne se limitent pas à un arbre généalogique clair. Cette mythologie est faite de création permanente, d'hybrides, de monstres et de transformations, et ne véhicule pas l'image d'un Homme au visage unique. Prenez les Centaures, ces créatures mi-homme mi-cheval, ce sont des chimères ! Tout cela donne une représentation de la création plus vaste, prête à accueillir des formes très variées. Au final, il n'y a pas une idée homogène de l'Homme chez les Grecs anciens.

D'autre part, pour les Hellènes de l'Antiquité, la vie n'a pas de sens. L'évolution ne tend pas vers un mieux. Cette vision est très différente de celle que va introduire Platon, à partir du ve siècle avant Jésus-Christ, qui affirme que la vie a un sens, une thèse reprise ensuite par le christianisme et inhérente à notre civilisation occidentale.

La mythologie grecque a plus ou moins disparu mais on en retrouve des traces dans notre culture. Les catholiques ont ainsi intégré des éléments mythologiques, comme la Vierge Marie, puisque la virginité est un concept grec et non pas juif (Athéna et Artémis étaient des déesses vierges). Les archanges et les nombreux saints associés à des attributs variés (voyage, fécondité) sont également des vestiges de la mythologie grecque.

Bien qu'étant un athée sceptique, je me sens des affinités avec la religion grecque ancienne ! Quand les choses se passent bien, je pense spontanément que les dieux sont avec moi, et inversement quand les choses vont mal. Je ne crois pas à l'idée de récompense ou de punition pour les bonnes et mauvaises actions, comme dans la religion chrétienne. Je pense que les dieux sont aveugles et injustes ou, pour le moins, incompréhensibles.

Les philosophes grecs anciens : pionniers de la science moderne

Saviez-vous que le concept d'atome a été inventé dans l'Antiquité ? C'est Démocrite, un philosophe grec du Ve siècle avant Jésus-Christ, qui a introduit la théorie de l'atome, bien avant les débuts de la physique moderne. Ensuite il faudra attendre le XVIIIe siècle et Lavoisier, le père de la chimie moderne, pour redécouvrir la pensée des atomistes. Cette dernière stipule que tous les êtres vivants et toute la matière sont formés des mêmes particules élémentaires invisibles (et l'on sait aujourd'hui combien cela est pertinent). Or cette manière de voir était très différente de celle d'Aristote pour qui nous étions constitués d'éléments fondamentaux : l'eau, la terre, le feu et l'air.

Cette notion d'atomisme est très importante pour comprendre les découvertes récentes en biologie car elle permet d'avoir une image non figée de l'Homme. De fait, concevoir que nous sommes tous formés des mêmes atomes nous rapproche des animaux et des micro-organismes. Du coup il est plus facile d'admettre qu'un virus s'intègre dans nos gènes. Cette vision aide à comprendre que l'Homme n'est pas uniforme : des millions de bactéries et virus coexistent avec nos cellules humaines.

Outre l'atomisme, d'autres notions clés des sciences et de la philosophie modernes trouvent leurs racines dans la culture de l'Antiquité. Il y a beaucoup de philosophes grecs dont la pensée est plus proche de la nôtre que celle de Platon. C'est le cas d'Héraclite pour qui tout change tout le temps et aucune stabilité ne règne nulle part. « On ne se baigne jamais deux fois dans le même fleuve » est une de ses citations célèbres. Malheureusement, il ne reste que très peu de textes de cet auteur, parce que le temps a trié ce qui était compatible avec la culture judéo-chrétienne. Les Grecs avaient cette perception de l'instabilité de l'être que nous avons oubliée. C'est pourtant une notion majeure. Il est faux de croire que les hommes sont les mêmes tout au long de leur vie. On ne peut pas dire qu'un enfant de deux ans est le même qu'un jeune adulte de vingt ans, qu'un homme de soixante ans ou qu'un vieillard de quatre-vingt-quinze ans ! Leur nature biologique, psychique et intellectuelle évolue avec le temps.

Autre tenant du changement perpétuel, Lucrèce, philosophe épicurien et poète latin du Ier siècle avant Jésus-Christ, décrit que sans arrêt se créent et disparaissent de nouveaux êtres vivants, « fruits du hasard et de la nécessité », citation reprise par Nietzsche et Monod aux XIXe et XXe siècles.

Protagoras, un des plus renommés des sophistes – ces maîtres de l'art du discours dénoncés par Platon et ses disciples –, disait : « L'Homme est la mesure de toute chose. » La physique quantique a démontré que c'était vrai. Nous avons du mal à mesurer ce que nous ne pouvons percevoir nous-mêmes puisque l'instrument utilisé pour la mesure influence le système observé.

Lucrèce est le premier à tracer une ébauche de l'évolution sociale. Il décrit ainsi comment les hommes préhistoriques ont évolué d'une vie quasi animale à une vie civilisée et urbaine. D'abord isolés, ils se sont rassemblés en tribus, puis ont découvert successivement les outils, le feu, les cabanes, enfin la vie sociale et les lois pour régenter la violence, la justice étant basée sur l'accord social (la jurisprudence) et non pas sur une loi divine et transcendante. C'est cohérent avec ce que l'on sait aujourd'hui et cela n'a rien à voir avec le mythe d'Adam et Ève. Et encore une fois, pour Lucrèce et pour tous les épicuriens, cette évolution, tout comme la vie, n'a pas de but, contrairement à ce que pensaient les idéalistes. Mais cette doctrine ne pouvait être compatible ni avec le christianisme ni avec aucune religion monothéiste.

La pensée des Grecs anciens était donc très hétérogène, permettant à différentes théories de coexister. Cependant, toutes ces formes de savoir ont été triées au cours de l'Histoire via un goulot d'étranglement d'où est ressortie la seule pensée d'Aristote.

Toutefois on observe actuellement, en lien avec la mondialisation, une nouvelle diversification des manières de voir le monde. Cela entraîne des tensions politiques car les gens ont du mal à admettre cette réalité irritante de la fin de la domination du mode de pensée occidental. Par exemple, la lutte contre certaines sectes peut être interprétée comme une volonté d'empêcher l'émergence de formes de pensée différentes. Rappelons que toutes les grandes religions, comme le christianisme et l'islam, ont d'abord été des sectes avec seulement quelques adeptes.

La mythologie grecque traditionnelle a commencé à disparaître à partir de Platon et Aristote aux alentours du Ve siècle avant Jésus-Christ, lorsque la vision de la transcendance a commencé à s'imposer.

Socrate, Platon et Aristote : l'idée de transcendance et du sens de la vie

Dieu serait né en Grèce au Ve siècle avant Jésus-Christ. Enfin, plus exactement, le principe du monothéisme. C'est en effet Platon qui introduit la notion de finalité – l'idée que la vie a un but – qui n'existait pas chez les Grecs anciens, et qui va très bien s'accorder ensuite avec la chrétienté.

Platon est un des philosophes les plus connus, considéré par certains comme le fondateur de la philosophie occidentale et dont l'œuvre nous est parvenue de façon très complète. On ne sait pas ce que Socrate pensait réellement puisqu'il n'a laissé aucun écrit, mais ce sont ses élèves, en particulier Platon, qui par leurs textes nous informent sur sa pensée dans la lignée de laquelle ils s'inscrivent.

Ni Platon ni Aristote ne croyaient à la mythologie gréco-romaine, ils croyaient à une entité abstraite, invisible et transcendante. Cette idée est cohérente avec celle que l'Homme tend vers quelque chose de perfectible et qu'il est au sommet de la création. L'Homme tend à ressembler à son propre Dieu. C'est pourquoi la vision aristotélicienne entrera tellement en résonance avec la chrétienté pour qui « Dieu a fait l'Homme à son image ».

Ceux qui croient à l'évolution linéaire de la pensée affirment que « Socrate est arrivé comme Jésus ». Les similitudes avec l'image christique sont frappantes : Platon et Xénophon, les deux disciples de Socrate, ont tous deux écrit un texte intitulé « Le Banquet » décrivant un festin où l'on mangeait du pain et buvait du vin et où ils font dialoguer leur maître, à l'instar de deux apôtres qui racontent les Évangiles. Cela fait aussi référence à la Cène, le dernier repas de Jésus avec ses disciples la veille de sa crucifixion. Et Socrate, comme Jésus, a été condamné à mort à la suite d'un procès politique…

La croyance en une force divine unique restera la pensée dominante en Occident pendant des siècles, y compris durant le siècle des Lumières. Voltaire, pourtant fervent adversaire du fanatisme religieux, affirmait : « Le monde est comme une horloge, et je ne peux pas imaginer qu'il n'y ait pas d'horloger. » Pour le philosophe français, l'horloger c'est Dieu, même s'il ne le rattache pas à une religion spécifique. L'idée sous-jacente est que l'évolution de l'Homme et de toute la création terrestre ne s'est pas faite au hasard. C'est la même thèse qui est défendue par les révolutionnaires de 1789 avec leur culte de l'être suprême et aujourd'hui par les créationnistes et les tenants du dessein intelligent.

Cette idée va rester prégnante jusqu'à la fin du XIXe siècle puisqu'on la retrouve dans les œuvres du philosophe allemand Emmanuel Kant. La vision humaniste s'appuie sur l'idée que l'Homme n'est pas qu'une partie de la Nature mais un être à part, à mi-chemin entre les animaux et Dieu. Cette idée remonte à Aristote. Elle est très différente de celle des hindous ou de Pythagore qui croient en la réincarnation des âmes dans des animaux ou des végétaux. Pour eux, la nature de l'Homme n'est pas différente à ce point de celle des autres êtres vivants.

L'influence de la religion et des mythes sur la pensée

La structure de votre pensée dépend de votre culture et donc de votre croyance. Il existe des religions extrêmement différentes dans le monde qui se traduisent par des modes de pensée divers. Si vous avez été élevé dans une religion monothéiste avec un principe de création initiale, votre façon de voir les choses ne sera pas la même que si vous avez baigné dans une culture polythéiste non créationniste ou encore dans une pensée de réincarnation régulière.

Les différentes religions ont pris plus ou moins de liberté par rapport à leurs textes initiaux ou sacrés. Pour la mythologie grecque, les seuls textes originaux sont ceux d'Homère et d'Hésiode, il n'y a pas d'équivalent de la Bible. Plusieurs versions différentes ont été ajoutées au fil du temps, voire des dieux, à l'instar de Dionysos qui aurait été importé tardivement d'Asie. Aucune écriture n'a donc figé les origines. Chez les Grecs, le destin peut parfois échapper aux dieux, comme dans l'*Iliade*, quand Zeus ne peut sauver son fils Sarpédon.

Ce point de vue est associé à une morale très différente de celle des religions judéo-chrétiennes où Dieu est tout-puissant.

Les religions de la Bible ont une tout autre vision du monde. D'après la Genèse, le monde a été créé en sept jours, les humains ont été formés indépendamment des animaux et des plantes – ils ne sont donc pas considérés de la même nature – et tels qu'on les connaît aujourd'hui. Les hommes n'évoluent donc pas. Bien entendu, ni les juifs ni la majorité des chrétiens n'interprètent à la lettre la Genèse, mais ils pensent que c'est une forme de métaphore.

Au sein de l'organisation très hiérarchique de l'Église, copiée sur celle de l'Empire romain, le souverain pontife joue le rôle d'interprète des Textes. Contrairement à ce que l'on a souvent entendu, le pape était extrêmement bien informé, encore aujourd'hui il est entouré de conseillers scientifiques de très haut niveau (Galilée était d'ailleurs un proche du pape qui l'a protégé la plupart du temps, même s'il est devenu par la suite un symbole de l'antipapisme). C'est ce qui a permis à l'Église catholique d'adapter son message en fonction de l'évolution de la connaissance. Et ce sont les prêtres qui expliquent la Bible au peuple.

Le protestantisme va au contraire valoriser la liberté de pensée individuelle. Chaque protestant doit lire la Bible et se forger une opinion personnelle. C'est d'ailleurs une des raisons pour lesquelles cette religion a généré tant de sectes. La théorie de l'évolution sera particulièrement difficile à accepter pour les tenants du protestantisme qui croient davantage au récit de la Genèse. Encore aujourd'hui, aux États-Unis, plus de 40 % de la population pense que les hommes ont été créés par Dieu sous leur forme actuelle il y a moins de dix mille ans ! Il existe des combats outre-Atlantique qui nous dépassent, certains voudraient qu'on enseigne dans les écoles les deux thèses, le monde vu par la Bible et celui vu par Darwin.

Je ne suis pas un spécialiste de l'islam mais je me demande s'il n'y aurait pas un problème similaire d'interprétation trop littérale des textes religieux. Il me semble que depuis relativement peu de temps, une partie des musulmans lisent directement le Coran sans passer par la médiation d'un imam, ce qui conduit à des lectures très divergentes. Une partie des mouvements islamistes pourrait s'expliquer par la lecture textuelle du Coran.

À l'inverse, dans la religion juive, des commentaires ont été ajoutés au fil des siècles, ce qui donne aux textes un caractère très évolutif. La somme de ces écrits constitue une mosaïque pleine de paradoxes. À l'exception des grandes lignes du Décalogue, il y a tout et son contraire. C'est ce qui a dérangé les catholiques qui voulaient quelque chose de cohérent. Mais les juifs ne croient pas à la cohérence, selon eux « les voies de Dieu sont impénétrables ». Les commentaires des rabbins permettent toutefois d'adapter le message à l'époque dans laquelle ils vivent.

Le Livre commun aux trois religions monothéistes et les mythes associés structurent notre mode de pensée.

Le mythe de la Genèse est ainsi resté très puissant dans le monde occidental. Il a encore une influence sur notre culture. Il suffit de voir que Lucy, le fossile australopithèque découvert par le paléontologue Yves Coppens, a été surnommée « l'Ève africaine », suggérant qu'elle était notre grand-mère à tous, ce qui est faux. Certains parlent aujourd'hui du « Y d'Adam » pour évoquer le plus vieil ancêtre du chromosome masculin Y. Le mythe d'Adam et Ève contribue à maintenir l'idée que tout a une origine unique, alors qu'on sait aujourd'hui que nos origines sont multiples et foisonnantes.

*

* *

Parfois les mythes deviennent, a posteriori, le reflet d'événements réels, mais qui sont interprétés de différentes manières. C'est le cas des récits de catastrophes et de déluges que l'on retrouve de façon surprenante dans diverses cultures, des récits de la Bible aux traditions de l'hindouisme. Au XIXe siècle, l'idée de catastrophes ayant rayé de la carte de nombreuses espèces au cours de l'évolution a été utilisée pour expliquer la présence de fossiles archaïques (des espèces différentes de celles vivant à l'époque). À l'inverse, Darwin et Lamarck postulaient que ces fossiles étaient des ancêtres des espèces modernes, illustrant l'idée d'une évolution. On sait aujourd'hui que ces deux hypothèses sont valides : des destructions en masse ont bien eu lieu au cours de l'Histoire (l'événement le plus connu étant la disparition des dinosaures il y a 65 millions d'années) mais certaines espèces ont survécu et évolué par étapes jusqu'à devenir les espèces actuelles. Les oiseaux sont ainsi les descendants d'une espèce de dinosaure.

Certains récits de la Bible ont servi à justifier le racisme et l'esclavage. C'est le cas de l'histoire des fils de Noé et de la malédiction de Canaan. D'après la Bible, après la fin du Déluge, Noé, qui s'était installé avec ses trois fils – Sem, Cham et Jaffet –, s'enivra et se déshabilla dans sa tente. À la vue de son père tout nu, Cham s'est moqué de lui et l'a rapporté à ses frères qui auraient alors choisi de couvrir l'homme d'un manteau. À son réveil Noé condamne Canaan, le fils de Cham, à devenir l'esclave de ses frères. Ces versets ont été utilisés par les esclavagistes américains pour justifier la traite des Noirs, considérés comme les descendants de Cham.

*
* *

Chez les hindous polythéistes, il existe plein de dieux différents, plus étonnants les uns que les autres. Cette religion prône avant tout le respect de règles ancestrales et immuables, ce qui se traduit par la tradition des castes. Chaque individu appartient à une caste qui définit son rang dans la société et ne peut en changer. En revanche, après sa mort, il se transforme en un avatar (un animal, une plante ou un autre être humain) plus ou moins noble selon la nature de la vie qu'il a menée, et va renaître encore et encore, dans l'espoir d'atteindre l'Éveil. C'est cette idée de réincarnation possible dans un animal qui a conduit certains hindous à devenir végétariens. On voit bien que le rapport entretenu avec les animaux est très différent en Occident, en Inde ou même au Royaume-Uni. La Grande-Bretagne a en effet gardé une trace de son histoire coloniale et de l'ancien empire des Indes puisque c'est le pays européen dont les habitants sont les plus végétariens et les plus opposés aux expérimentations animales en Europe.

Le bouddhisme, également né en Inde, est une religion sans dieu, une méthode pour parvenir soi-même au sommet de la sagesse. On retrouve les notions de cycles de réincarnation, de l'impermanence des choses et la quête ultime de l'Illumination. La philosophie du Bouddha prêche en outre la modération (« le chemin du juste milieu ») et le refus des extrêmes.

*
* *

L'esprit religieux est inhérent à l'Homme. L'Homme n'arrive pas à vivre sans vision religieuse. Et l'athéisme militant, le laïcisme, est selon moi une autre forme de religion, sans dieu. Quand vous dictez aux gens la manière de s'habiller, ce qu'ils doivent manger et ce qu'ils doivent faire, cela devient un dogme ! La religion a toujours édicté des lois pour la société. Pour ma part je suis sceptique. Et le scepticisme est une attitude scientifique. Gregory Bateson, un célèbre philosophe des sciences américain, a écrit : « Un savant doit apprendre à toujours avoir tort. »

Mais il semble que les hommes adorent « croire », même quand Dieu n'a rien à voir là-dedans. Mircea Eliade cite à cet égard l'eau, considérée comme sacrée dans toutes les cultures du monde. Encore aujourd'hui, les gourous du marketing nous font croire à la pureté de l'eau issue des volcans pour en vendre des bouteilles au même prix que du vin ! Il y a dix ans, tout le monde n'avait pas une bouteille d'eau dans son sac comme aujourd'hui : il faut croire qu'on mourait de soif. Il n'y a pas de preuve scientifique que boire plus d'eau soit bon pour la santé, c'est une croyance sponsorisée.

La croyance en l'influence des astres est également universelle. La religion chrétienne n'a en effet pas réussi à éliminer l'astrologie. Je suis toujours sidéré quand quelqu'un me demande quel est mon signe astral ! Et dans tous les magazines féminins, il y a des rubriques d'astrologie. L'analyse des effets de la position des planètes relève pourtant de la magie ! Le goût des pierres précieuses est aussi très ancien et a été en partie intégré dans la religion chrétienne – le pape porte un anneau en rubis et les cardinaux des bagues en saphir. Quand la religion n'arrive pas à intégrer les croyances ancestrales, elles demeurent en marge, comme l'astrologie. Les laïcs regardent aussi leur horoscope, c'est de la religiosité.

– 2 –

L'INFLUENCE DES RELIGIONS ET DE LA CULTURE SUR LES PROGRÈS SCIENTIFIQUES

La science et la médecine font partie de la culture. Les premières théories scientifiques et médicales étaient donc naturellement influencées par les modes de pensée contemporains, en particulier la pensée aristotélicienne et judéochrétienne, qui ont marqué notre civilisation au moins jusqu'à la Renaissance.

Au Moyen Âge on considérait que c'était une hérésie de critiquer la pensée d'Aristote. Le philosophe grec faisait partie du corpus de la pensée scientifique chrétienne. Le remettre en cause, c'était contester un écrit sacré de la science. Il se passe la même chose aujourd'hui avec la théorie de Darwin sur l'évolution des espèces, devenue intouchable à l'instar d'un Évangile. Or, en science, il ne peut y avoir de texte sacré !

Entre la fin de l'Empire romain et la Renaissance, la plupart des ouvrages de l'Antiquité ont disparu. C'est pourquoi nous n'avons que peu de traces de la pensée des Grecs anciens. Le Moyen Âge était vraiment une période d'obscurité même si certains voudraient aujourd'hui nous faire croire le contraire. Rappelons que la plupart des gens étaient analphabètes, alors que quelques siècles plus tôt la majorité de la population romaine savait lire. Même l'empereur Charlemagne ne savait pas lire, c'est inouï ! Tout le capital de savoirs de l'Antiquité avait disparu. Si l'on compare le devenir des civilisations à celui des espèces vivantes, il s'agit d'une forme d'évolution avec des « goulots d'étranglement », qui détruisent une partie immense de la connaissance en n'épargnant que quelques textes, la plupart du temps au hasard. Tout comme les dinosaures et des milliers d'espèces se sont éteints il y a 65 millions d'années, laissant la place ensuite pour le développement des mammifères. Dans notre civilisation, c'est la théorie d'Aristote qui a seule survécu à cette extinction des savoirs antiques. Et il nous a fallu près de quinze siècles pour sortir de cette phase d'ignorance ! Pour la médecine, c'est la pression de la science qui nous a obligés à ouvrir les yeux à partir de la Renaissance et surtout du XIXe siècle. La philosophie d'Aristote basée sur la théorie des quatre éléments fondamentaux (eau, terre, air, feu) s'est traduite en médecine par la théorie des humeurs. Cependant, les médecins étaient impuissants face aux nombreuses maladies et épidémies, comme la peste et le choléra, qui ont frappé la population. Molière s'est d'ailleurs beaucoup moqué d'eux dans ses pièces de théâtre.

Un exemple de goulot d'étranglement : comment la notion d'hygiène a disparu puis réapparu au cours des siècles

Le premier bond de l'espérance de vie dans l'histoire de l'humanité a été lié à l'urbanisation. Le pire ennemi de l'Homme est en effet la Nature, contrairement à ce qu'affirment certains écologistes aujourd'hui ! La mortalité durant la préhistoire était effroyable avec le risque de maladies, d'animaux dangereux et d'intoxications… Sans compter, plus tard, les effets des guerres et des famines. Avant l'invention des engrais et des pesticides, l'Homme était à la merci de tous les événements climatiques, et, faute de moyens de transport, dépendant de la production locale.

En Europe, c'est aux Romains que l'on doit le développement des villes, associé à une amélioration considérable de l'hygiène, notamment grâce à un meilleur accès à l'eau potable, via la construction d'aqueducs. Malheureusement, une grande partie de ces acquis disparaîtra au Moyen Âge pour ne réapparaître qu'au XIXe siècle, sous l'influence des théories hygiénistes. Il n'y a d'ailleurs pas de différence notable entre l'espérance de vie des Romains et celle des citoyens du XIXe siècle en Europe. À cette époque, les villes se modernisent, Paris sera une des premières à mettre en place un système de canalisations pour l'eau potable et les égouts. La compréhension de l'hygiène reste toutefois assez tardive car elle se heurte à des préjugés culturels et aux dogmes de l'époque. Ignace Semmelweis, un médecin de l'Empire austro-hongrois qui sera le premier à découvrir le rôle de l'hygiène à l'hôpital, en fera les frais. L'écrivain Céline a écrit sa thèse de médecine sur ce génie incompris.

Médecin obstétricien à l'hôpital de Vienne au milieu du XIXe siècle, Semmelweis avait constaté que le taux de mortalité des femmes après l'accouchement était plus élevé dans son service, où étaient formés des étudiants en médecine, que dans un service voisin où travaillaient des sages-femmes. La fréquence des décès était même plus forte que lors de naissances à la maison ! Après avoir testé plusieurs hypothèses, Ignace Semmelweis est arrivé à la conclusion que les infections des parturientes venaient des étudiants qui faisaient de la dissection anatomique. Sans connaître le rôle des agents pathogènes (la théorie de Pasteur et Koch sur les germes est postérieure) il a compris que les jeunes médecins devaient apporter des substances des cadavres et contaminer les femmes enceintes. À cette époque les obstétriciens ne portaient pas de gants. Il a alors incité les médecins à se désinfecter les mains avec une solution à base de chlore et a réussi à faire s'écrouler le taux de mortalité des femmes de ce service. Toutefois, il n'a pas réussi à convaincre ses collègues car cela allait à l'encontre de la thèse dominante. En outre, il fit l'objet de violentes attaques car il laissait entendre que les médecins tuaient davantage que les sages-femmes : une réalité difficile à accepter à l'époque ! Il faudra attendre plusieurs décennies pour que la théorie microbienne bouleverse les modes de pensée en médecine et valide la découverte de Semmelweis.

La victoire des hygiénistes s'explique aussi en partie par le contexte historique

À ce sujet, je recommande le livre extraordinaire de Bruno Latour sur Pasteur, *Pasteur : guerre et paix des microbes*[1], où il montre que l'héroïsme pasteurien est un

1. Bruno Latour, *Pasteur : guerre et paix des microbes*, Éditions La Découverte, 2001.

héroïsme bâti en partie sur les besoins des hygiénistes qui, après le déclin de l'Église, ont voulu contrôler le comportement des gens, en remplaçant Dieu par la santé. C'est ce que nous voyons encore quotidiennement avec les recommandations des ministères de la Santé, de l'Organisation mondiale de la santé (OMS), ou de l'ensemble des sociétés scientifiques qui voudraient contrôler nos conduites non pas au nom de la religion mais de la santé.

SAIGNÉES ET TRANSFUSIONS SANGUINES : LES ÉGAREMENTS CULTURELS DE LA MÉDECINE

Encore aujourd'hui la médecine est influencée par la culture. La façon dont nous voyons le monde à une époque donnée agit comme une paire de lunettes déformantes sur la réalité. Du fait de mon âge, j'ai le privilège d'avoir vu la médecine évoluer depuis quarante ans, non sans commettre de terribles erreurs. En particulier, je me souviens de la période antérieure à l'affaire du sang contaminé, lorsque les médecins faisaient des transfusions à tout-va et que l'on moquait les témoins de Jéhovah qui s'opposaient à cette pratique.

Un bref rappel historique se révèle instructif. Jusqu'au début du XIXe siècle, les médecins considéraient que de nombreuses maladies étaient causées par un excès de sang, ce qui justifiait le recours aux saignées pour enlever « le mauvais sang ». Si cela peut sembler choquant aujourd'hui, il faut reconnaître qu'il existe de vraies indications pour les saignées, comme les insuffisances cardiaques aiguës. Le but est de diminuer la charge du cœur en réduisant le volume sanguin. Jeune médecin, j'ai encore été témoin de saignées pratiquées pour des œdèmes aigus du poumon. Et ma grand-mère, victime d'un infarctus du myocarde, a été saignée avant son décès.

À l'inverse, à partir de 1900, c'est la pratique des transfusions de sang qui s'est développée. Elle a permis de sauver des dizaines de milliers de gens atteints d'hémorragies. Mais ensuite cette technique a été utilisée dans d'autres indications qui n'étaient pas justifiées. À partir de la seconde moitié du XXe siècle, les transfusions sont devenues la norme. Dans les années 1970, elles étaient considérées comme un élément de modernité. Les médecins transfusaient à tire-larigot, en particulier les femmes enceintes qui n'en avaient absolument pas besoin ! Du fait de la rétention d'eau durant la grossesse, les femmes présentent une fausse anémie (le volume d'eau accru dans leur corps dilue les globules). Les gynécologues corrigeaient cela en leur injectant des poches de sang. J'ai entendu mille fois les médecins dire : « Une petite transfusion lui fera du bien » ! Tout cela s'est bien sûr arrêté avec l'affaire du sang contaminé. Trop tard malheureusement, car des centaines de femmes ont été contaminées par les virus des hépatites B et C et du sida pour rien (on ne savait pas encore détecter ces virus pour éliminer les lots à risque). C'est un exemple de médecine trop sûre d'elle. Ce qui est intéressant, c'est que les témoins de Jéhovah, qui avaient refusé ces transfusions pour des motifs religieux et qui avaient été traités d'imbéciles, avaient eu raison dans neuf cas sur dix ! La plupart des transfusions réalisées à cette époque étaient probablement inutiles. Bien entendu, la transfusion reste très bénéfique dans des cas précis, lors d'hémorragies suite à des accidents ou pour traiter des maladies hématologiques chroniques, mais à l'époque on faisait des transfusions de confort. C'est vraiment un exemple de phénomène culturel et le reflet du scientisme de cette époque où les médecins se sentaient tout-puissants. Ils agissaient néanmoins en toute bonne foi. Cela démontre qu'il faut toujours être attentif et prudent. Tout ce qui nous paraît évident est en général culturel. Des choses qui nous semblaient incontestables autrefois ont aujourd'hui disparu.

L'ÉVOLUTION DE LA NUDITÉ : DU CORPS SACRÉ AU CORPS ANONYME

La médecine n'a quasiment pas évolué pendant la période du Moyen Âge. Une des raisons de cette stagnation est encore une fois culturelle. De fait, depuis l'Antiquité, le corps humain était considéré comme sacré, ce qui interdisait toute étude anatomique. Les seules connaissances ont pu être obtenues par analogie avec les animaux. Puis, à la Renaissance, les premières dissections humaines ont pu être réalisées en Italie, non sans risque pour les médecins pionniers.

À partir de la fin du XIXe siècle, à l'aube de la médecine européenne moderne, c'est au contraire la vision d'un corps totalement désacralisé qui prévaut. Les patients sont dépossédés de leur corps dont la société et les médecins deviennent propriétaires.

Lorsque j'étais interne en pédiatrie, j'ai été témoin de pratiques atroces. Après le décès d'un nouveau-né, on lui ouvrait le crâne et on curait son hypophyse (une glande endocrine du cerveau) pour l'envoyer à France Hypophyse. Cet établissement était chargé d'en extraire l'hormone de croissance qui était ensuite injectée à des enfants souffrant de retard de croissance. Bien entendu, tout cela était fait sans l'accord des parents. Les médecins ne pouvaient pas refuser de réaliser cet acte, sous peine de perdre leur place. Un procès est en cours sur un autre volet de cette affaire, un autre scandale sanitaire : le décès de plus d'une centaine d'enfants ayant contracté la maladie de Creutzfeldt-Jakob à cause de lots d'hormones infectés par l'agent du prion.

Selon le mode de pensée scientiste qui dominait à l'époque, les patients étaient considérés comme des corps et non plus comme des personnes. Et selon cette culture du « corps indifférent », les médecins étaient convaincus de pouvoir se comporter de la même manière face au corps d'une belle jeune fille ou face à celui d'un homme âgé, ce qui est bien évidemment faux, car ils sont humains avant tout !

Le fait de déshabiller les patients et d'examiner leurs parties génitales est également un élément très récent et propre à notre culture occidentale. Cette pratique était auparavant répandue chez les médecins généralistes. Quand j'étais jeune médecin, il y a trente ans, les professeurs nous enseignaient les touchers rectaux et vaginaux systématiques durant l'examen médical. Cette pratique a quasiment disparu et choquerait sans doute les jeunes générations. Elle a peut-être été remplacée par les nouvelles technologies d'imagerie, comme les scanners, qui permettent aux médecins de voir à l'intérieur du corps sans déshabiller ni toucher les patients.

L'examen gynécologique, pratiqué par des médecins spécialistes, continue toutefois de poser des problèmes d'intimité, et pas seulement en raison de convictions religieuses ! Depuis plusieurs années, les cas de patientes musulmanes refusant de se faire soigner dans les hôpitaux par des gynécologues masculins font la une des médias et suscitent l'indignation de certains, au nom du respect de la laïcité. Pourtant la France est un des rares pays à avoir maintenu une spécialité de gynécologie médicale pour les femmes, distincte de la chirurgie gynécologique (une profession plus souvent masculine), en résistant au diktat des normes européennes. Il était donc reconnu de longue date que les femmes préfèrent naturellement s'adresser à des femmes pour parler de problèmes féminins comme les douleurs vaginales, le syndrome prémenstruel ou encore le choix d'un moyen de contraception.

De manière intéressante, il se crée aujourd'hui un mouvement de femmes laïques qui dénonce des cas de maltraitances gynécologiques, en particulier infligées par des hommes. En novembre 2014 les témoignages regroupés sous le hashtag « PayeTonUterus » ont été largement relayés sur les réseaux sociaux. Cette fois-ci les médias, notamment féminins, ont pris le parti des victimes. Il y a donc deux poids et deux mesures. Tant que la demande émane de femmes laïques, c'est acceptable pour la société. Mais si des femmes exigent au nom d'une religion d'être examinées par des femmes, la revendication est considérée comme archaïque et irrecevable pour notre société qui n'a plus que le laïcisme à la bouche ! Alors qu'au fond ces femmes réclament la même chose : que ce soient des femmes qui s'occupent des problèmes de femme. Car il est faux de croire que les médecins sont neutres ! Ce ne sont ni des robots ni des puits de science exclusifs. Il n'est pas certain qu'un chirurgien soit le mieux placé pour entendre le mal-être ou comprendre la psychologie d'une jeune femme. Mais pendant longtemps une vision fantasmagorique de la médecine a primé, selon laquelle tous les praticiens, quelle que soit leur spécialité, étaient bons à tout. Ce n'est pas raisonnable. À mon humble échelle, j'ai constaté l'évolution du mode de pensée de mes anciens collègues d'internat en fonction de leur spécialité. Après seulement quatre ans, nous étions radicalement différents car nous avions été influencés par notre métier et notre environnement. Certains ne pouvaient même plus se comprendre, les psychiatres considéraient les chirurgiens comme des imbéciles et inversement ces derniers les traitaient de fous !

J'ai également été confronté à des spécificités culturelles lors de missions à l'étranger. Dans les régions où j'ai réalisé des investigations sur les épidémies de typhus en Afrique, les patients ne se déshabillaient pas devant le médecin. Or il est important pour le diagnostic d'observer les éruptions cutanées sur le corps. Certaines maladies n'avaient ainsi pas pu être décrites car on ne pouvait pas observer les symptômes.

En deux mille ans, la représentation du corps est donc passée, en Occident, du corps sacré au corps neutre. Depuis quelques années, nous assistons cependant à un mouvement de balancier inverse, en réaction à l'excès d'arrogance de la médecine. Longtemps dépossédés de leur corps, les patients veulent aujourd'hui reprendre leurs droits. Cela aboutit toutefois à un autre extrême. Dans mon laboratoire, où nous travaillons sur les bactéries de l'intestin, nous étudions des échantillons d'excréments et d'urine. Or aujourd'hui, pour obtenir ces « déchets humains », même anonymisés, il nous faut faire signer au patient un accord de consentement éclairé, écrit sur plusieurs pages comme un contrat d'assurances, avec un délai de rétractation de sept jours, c'est inouï ! Paradoxalement, ces déchets auraient fini à la poubelle où n'importe qui peut se servir. Cet exemple illustre la tendance actuelle à la « démédicalisation ». Les patients estiment qu'ils doivent donner leur avis sur tout ce qui touche à leur corps, même leurs déchets ! C'est complètement culturel.

– 3 –

LA PENSÉE DU VIVANT AU XXIe SIÈCLE

L'idée darwinienne de l'évolution de l'Homme, bien que toujours prégnante au XXIe siècle, est aujourd'hui dépassée. Bien sûr le naturaliste anglais a permis de faire avancer les connaissances en remettant en cause le mythe religieux des origines, mais il était également très influencé par la culture judéo-chrétienne et le capitalisme naissant du XIXe. Il est nécessaire de faire le tri entre ce qui reste de sa théorie à l'heure des découvertes de la génétique et de la microbiologie, et ce qui n'est plus vrai.

Au XIXe siècle en Europe se produit une explosion de la pensée dans les domaines littéraire, scientifique et philosophique. Les intellectuels redécouvrent les penseurs grecs anciens et remettent en cause la vision aristotélicienne. D'une part de nouvelles théories scientifiques apparaissent, comme le darwinisme, et d'autre part des penseurs vont réfléchir au sens de ces doctrines. Nietzsche a ainsi critiqué la théorie de Darwin.

Pourtant, le darwinisme a perduré tout au long du XXe siècle et jusqu'aujourd'hui ! Le néodarwinisme, une synthèse de la théorie de Darwin et des lois de la génétique, va bientôt s'imposer comme le dogme principal de l'évolution biologique. Ensuite de nombreux scientifiques vont émettre de nouvelles hypothèses mais sans jamais remettre en cause la théorie de Darwin. Il s'agit pourtant ici d'un impératif pour faire de nouvelles découvertes et mieux comprendre la vie et le monde qui nous entoure.

Darwin : pourquoi il faut sortir de l'idolâtrie

En 2009, à l'occasion de la célébration des cent cinquante ans de la publication de *De l'origine des espèces*, l'ouvrage majeur de Charles Darwin, j'ai cru que le monde était devenu fou. Avec son front plissé et sa barbe blanche, le naturaliste anglais a fait la une de tous les magazines. Certains adeptes se sont même fait tatouer l'arbre de vie ! J'ai alors vraiment pris conscience de l'idolâtrie qui s'était développée à l'égard de Darwin et de sa théorie, devenue une sorte de nouvelle religion de l'athéisme.

Darwin a cristallisé autour de sa personne l'idée de l'évolution. Cette doctrine allait à l'encontre de l'idée dominante des siècles précédents, le fixisme aristotélicien et chrétien, selon lequel toutes les choses et les êtres, créés une fois pour toutes, sont immuables. L'histoire des sciences nous apprend cependant que Darwin n'était pas le seul ni le premier à parler d'évolution, le français Jean-Baptiste de Lamarck a défendu cette thèse avant lui, par exemple. L'hypothèse était « dans l'air du temps » et résultait d'observations dans différents domaines scientifiques. Mais c'est Darwin que l'Histoire retiendra et que la société portera aux nues un siècle et demi après ! Ce phénomène est parfaitement décrit par Hegel quand il introduit la notion de « héros » de la science : « une ruse de la raison ». Darwin est devenu un héros hégélien en incarnant, sans le savoir, le changement de la pensée nécessaire à son époque. Il faut toutefois distinguer le héros du dieu !

L'émergence de la théorie de l'évolution de Darwin doit aussi beaucoup au contexte historique et géopolitique. Elle est née, en effet, à la même époque que le capitalisme dans l'Angleterre du XIXe siècle. Le monde est en train d'être dominé par les pays européens qui ont la démographie la plus dynamique (l'Angleterre et l'Allemagne), ce qui va alimenter l'idée générale de la sélection des individus les plus aptes et en meilleure santé (*fit* en anglais) par l'évolution. Cette notion résonne aussi avec le dogme de la religion protestante, selon lequel ceux qui réussissent sont aimés de Dieu et qu'il n'y a pas de honte à s'enrichir car c'est un signe de la grâce. L'idée de sélection des meilleurs théorisée par Darwin trouve donc un écho dans le capitalisme naissant de notre civilisation.

À partir du XIXe siècle, nous l'avons dit, les intellectuels et les scientifiques redécouvrent les penseurs grecs anciens, les « présocratiques », comme les épicuriens et les stoïciens. Une grande partie de la pensée de Nietzsche s'en est inspirée. Ce sont principalement les textes de

Lucrèce, épicurien du Ier siècle avant Jésus-Christ, qui ont survécu au cours du temps. La pensée du philosophe latin, qui reprend celle de ses prédécesseurs grecs comme Démocrite et Héraclite, n'a rien à voir avec celle d'Aristote qui a prévalu en Occident jusqu'au XIXe siècle. Sa lecture fut pourtant une des sources intellectuelles du Moyen Âge et a beaucoup inspiré Montaigne. D'après Lucrèce, il se crée sans arrêt des organismes vivants, certains disparaissent, d'autres apparaissent et tout change en permanence. Et la vie n'a pas de finalité. Une de ses phrases célèbres est : « Ce qui reste est ce qui est capable de se reproduire. » Tout le monde est d'accord avec cette affirmation même si Lucrèce ne précise pas, comme je le ferais aujourd'hui : « dans un écosystème donné ». En effet, le fait d'être capable de vivre à un endroit sur la planète ne signifie pas que l'on puisse habiter ailleurs. Un ours blanc est probablement incapable de vivre sous les tropiques et un hippopotame ne survivrait pas en Antarctique. Les hommes, bien que présents sous presque toutes les latitudes, nc sont pas capables de vivre sous l'eau. Cette limitation a son importance. Selon la théorie darwinienne, l'évolution se fait par la sélection des individus les plus aptes. Ce postulat est vrai dans un écosystème donné – ceux qui survivent sont ceux qui sont capables de s'y reproduire – mais n'est pas généralisable.

La théorie de l'évolution de Darwin va éclore dans cette période de créativité extraordinaire du XIXe siècle, suscitant d'autant plus de curiosité que la vision darwinienne de l'origine de l'Homme, qui va à l'encontre de la Genèse, était considérée comme hérétique, surtout chez les protestants qui ont une lecture de la Bible plus littérale que les catholiques. Pourtant et paradoxalement, cette théorie a repris de nombreux éléments bibliques.

Un des éléments de la religion chrétienne, qui diffère de la religion hindouiste notamment, est de considérer l'Homme comme une espèce à part et distincte des autres animaux. C'est pourquoi les opposants contemporains de Darwin en Angleterre l'accusaient de les « prendre pour des singes ». Pourtant Darwin était très imprégné de la culture chrétienne, tout comme Lamarck d'ailleurs. Il a toujours été un protestant pratiquant, il a fait des études de théologie et se destinait à devenir pasteur. Il n'a jamais vu le moindre paradoxe entre sa croyance religieuse et sa théorie. Il est donc absurde de croire que défendre le darwinisme, c'est défendre une position antichrétienne.

Sur le fond, le darwinisme est très compatible avec le christianisme. D'ailleurs l'Église catholique l'a finalement très bien adapté à son dogme, surtout grâce à Teilhard de Chardin. Plus personne ne remet en cause aujourd'hui la théorie de l'évolution en France. La situation est très différente aux États-Unis, où le débat fait encore rage entre les antidarwiniens, des groupes protestants qui prennent la Genèse textuellement, d'autres qui croient au dessein intelligent, et les défenseurs du darwinisme. Pourtant la théorie du dessein intelligent, une tentative de synthèse entre la Bible et la théorie de l'évolution, me semble tout à fait compatible avec la vision darwinienne. Selon elle, l'Homme n'est pas le fruit du hasard, il est le dessein de Dieu. Les tenants de cette doctrine affirment ainsi qu'il était écrit que l'Homme ferait partie de la même famille que les singes avant de s'en éloigner. Rien n'empêche donc de concilier la théorie de l'évolution avec la croyance en un Dieu créateur.

Il est vrai que Darwin, tout comme Lamarck et d'autres de ses contemporains, a ébranlé l'idée dominante issue de la Bible selon laquelle tout était fixe et les espèces avaient été créées une fois pour toutes sans évoluer. D'après la Genèse, Adam n'est pas un australopithèque ou un homme de Neandertal mais a déjà la physionomie d'un homme moderne. Au fond, les « changistes », comme Darwin, s'opposent aux « fixistes » et renouent avec les idées de Lucrèce, pour qui tout change en permanence.

Après la Renaissance, déjà, la vision chrétienne fixiste des origines était de moins en moins tenable du fait de la découverte des fossiles d'animaux et de leur accumulation par des naturalistes comme Buffon au XVIIIe siècle. Les scientifiques s'interrogeaient sur la nature de ces espèces disparues. Deux théories s'affrontaient : pour l'une, les fossiles étaient les restes d'espèces ancestrales (en accord avec l'idée d'évolution des espèces), pour l'autre, il s'agissait d'espèces ayant disparu au cours de catastrophes. L'opposition s'est donc faite entre l'idée d'évolution et celle des catastrophes. Darwin a rejeté cette dernière, ce qui a été une de ses erreurs : les catastrophes sont un des éléments de l'évolution. La théorie des catastrophes a en effet été validée plus tard, par exemple pour les dinosaures, disparus à la suite de la chute d'une météorite selon une des hypothèses actuelles, mais pas complètement car les oiseaux en sont les descendants. Darwin pensait au contraire que l'évolution était toujours graduelle et que la Nature ne faisait pas de sauts.

La sélection naturelle, d'après Darwin, s'appuie sur l'existence de petites variations *présentes* à la naissance qui, dans des circonstances favorables, permettent le développement des individus les plus adaptés (ou des plus *fit*).

Cependant, l'intuition sur la sélection naturelle de Darwin était en partie juste mais pas généralisable. Car ce mécanisme n'est pas le seul ! Le mécanisme d'adaptation proposé par Lamarck mais dénigré par Darwin et la communauté scientifique de l'époque joue aussi un rôle dans l'évolution. Selon cette théorie, il existe des variations de caractères *absentes* à la naissance mais *induites* par l'environnement et transmissibles à la descendance. Pour Lamarck, c'est le changement d'écosystème (par exemple des arbres plus hauts) qui provoque des transformations chez les êtres vivants (un cou plus long chez la girafe pour attraper les feuilles par exemple). Celles-ci seront conservées si elles apportent un avantage et seront alors transmises à la descendance : c'est le mécanisme d'adaptation. Il me semble en effet plus raisonnable de penser que les formes de camouflage présentes chez certains insectes et d'autres animaux pour se fondre dans un paysage et échapper ainsi à leurs prédateurs ont été acquises par un phénomène adaptatif plutôt quc sélectionnées parmi des facultés préexistantes. Les progrès de la génétique ont montré que ce processus était en partie vrai : l'environnement peut influer sur l'expression des gènes (c'est ce qu'on appelle l'épigénétique) et générer des modifications qui se transmettent aux générations suivantes. Les deux mécanismes, celui de la sélection naturelle de caractères préexistants et celui de l'adaptation, sont donc à l'œuvre dans la Nature.

Si l'on fait une analogie à l'échelle de la société humaine, c'est le mécanisme de Lamarck qui l'emporte. Les hommes ont en effet tendance à singer le plus puissant ou le plus populaire d'entre eux. Toute l'évolution de la société humaine est basée sur l'imitation du plus fort. Il suffit de voir comment le mode de vie américain s'est diffusé et comment les tenues vestimentaires se sont uniformisées (jeans, baskets) au XXe siècle dans le monde entier. Cette imitation du modèle dominant est une forme de mécanisme d'adaptation à l'environnement. Aujourd'hui, alors que l'Amérique est en passe de céder sa place de première puissance, on assiste à l'inverse à une réaffirmation des différences individuelles et culturelles.

Au début du XXe siècle, les scientifiques ont tenté de rendre compatible la théorie darwinienne avec les découvertes de la génétique, ce qui a donné naissance à la théorie synthétique de l'évolution. Ce nouveau paradigme, également baptisé néodarwinisme, considère que le seul mécanisme de l'évolution est celui d'une sélection naturelle de mutations génétiques aléatoires. Cette extension de la théorie de Darwin exclut de fait la possibilité de caractères acquis par un processus lamarckien, ce qui est très réducteur. Ce dogme scientiste a dominé la biologie tout au long du XXe siècle.

Suite au néodarwinisme des années 1950, d'autres théoriciens de l'évolution ont pourtant généré des hypothèses différentes à partir de leurs observations, sans oser toutefois remettre en cause la doctrine darwinienne.

L'ÉVOLUTION PONCTUÉE : DES PHASES DE CRÉATIVITÉ ET DE DESTRUCTION MASSIVE

À l'inverse de Darwin qui voyait l'évolution comme un processus graduel et progressif, Stephen Jay Gould, paléontologue et historien des sciences américain, pense qu'elle n'est pas linéaire. Sa théorie des équilibres ponctués, proposée en 1972, postule qu'à des phases de stabilité succèdent des moments d'accélération, où de nouveaux caractères et de nouvelles espèces apparaissent. La marche debout des hominidés, l'apparition des vertèbres ou celle de la chitine[1] pour les arthropodes sont de cette nature. L'évolution procède point par point. Tout le monde est à peu près d'accord aujourd'hui sur cette idée.

Il existe aussi des étapes de destruction massive appelées « goulots d'étranglement ». Ainsi, tous les chevaux sont morts en Amérique avant l'arrivée des Européens. Nous verrons plus tard que cela ne signifie pas qu'ils n'y sont pas adaptés. La forte baisse actuelle de la biodiversité est aussi une illustration assez inquiétante de ces « goulots d'étranglement ». Des phases d'extinction de la faune et de la flore se sont toutefois déjà produites dans le passé. Il y a eu six périodes d'extinction massive des plantes et des animaux. Nous

1. Substance organique constituant la cuticule des arthropodes.

vivons la dernière depuis 10 000 ans. Les études de fossiles ont noté des extinctions massives il y a 500, 400, 230, 220 et 50 millions d'années… qui ont été suivies de nouvelles périodes d'essor de la biodiversité. C'est un peu comme si quelqu'un décidait de couper toutes les plantes de son jardin, puis d'attendre quelques années que la Nature reprenne ses droits. De nouvelles espèces viendraient coloniser l'espace, prenant la place des anciens végétaux.

Cette théorie de l'évolution ponctuée peut s'appliquer à beaucoup d'activités humaines. Le constat est frappant dans le domaine musical. Il y a eu une première phase d'intense créativité au XIXe siècle, liée à l'apparition de nouveaux instruments et à la démocratisation de la musique, puis une seconde, dans les années 1950 et 1960. Mais depuis le début des années 1970, la dynamique s'est essoufflée. Ainsi 40 % des chansons préférées dans le monde, produites depuis le début du XXe siècle, ont été créées dans les années 1960. Je suis sidéré de voir que les jeunes écoutent aujourd'hui la musique de mon adolescence ! Les Beatles sont devenus des classiques alors qu'ils étaient considérés comme subversifs à leur époque.

Dans le domaine de la démographie, une étude canadienne avait comparé la fertilité des familles selon leur appartenance à tel flux de migration et montré qu'elle était supérieure chez les pionniers. On peut imaginer qu'il s'agit d'un mécanisme adaptatif. Afin de coloniser une nouvelle niche écologique, la Nature aurait favorisé un taux de fertilité élevé puis, lorsque la population a atteint une taille critique, cela se serait stabilisé.

Stephen Jay Gould a également énoncé que l'évolution était contrainte par la structure des êtres vivants. C'est en regardant les piliers de la cathédrale Saint-Marc à Venise que l'intuition lui en est venue. Il a observé que l'on pouvait changer différents éléments décoratifs sur ces piliers, mais pas leur organisation du fait des contraintes architecturales. De la même façon la plupart des tableaux ont une forme rectangulaire aux proportions identiques née de l'harmonie du « nombre d'or » utilisé par les Grecs. Par analogie, Stephen Jay Gould a estimé qu'au cours de l'évolution, certains éléments ne pouvaient pas changer car ils étaient indispensables. C'est le cas de l'organisation du noyau chez les cellules eucaryotes[1], essentielle au maintien de l'information génétique. Si cette structure était modifiée, ces cellules, les briques élémentaires de tous les êtres vivants comme l'Homme (hormis les bactéries et les virus) disparaîtraient. Certaines choses seraient donc intouchables. L'évolution n'est pas libre, du fait de contraintes architecturales.

1. Cellules avec un noyau (plantes, animaux, êtres humains) qui se distinguent des cellules procaryotes, sans noyau (bactéries).

La théorie du gène égoïste

Richard Dawkins, biologiste et théoricien de l'évolution britannique, a proposé l'idée intéressante (mais inverse de celle de Gould) du « gène égoïste » : la sélection s'effectuerait à l'échelle du gène et non pas de l'espèce ou des individus. Selon cette hypothèse, chaque gène, l'unité de base de l'information, vit sa vie indépendamment de celle de son hôte et essaye d'assurer sa propre reproduction sans se soucier du devenir de la cellule qui l'héberge. Dawkins a en grande partie déduit cette idée de l'observation des bactéries. Dans le courant du XXe siècle, on a découvert que des gènes (appelés « baladeurs » ou « sauteurs ») pouvaient se déplacer d'un organisme à l'autre, un phénomène très banal chez les microbes. Ces gènes ont une vie propre, ils passent d'un organisme à l'autre et ne sont conservés que s'ils sont utiles à leur hôte (par exemple en lui procurant l'avantage de résister aux antibiotiques) ou s'ils sont addictifs (quand l'hôte ne peut s'en débarrasser sous peine de mourir) sinon ils sont supprimés. Les gènes qui apportent la résistance aux antibiotiques sont ainsi intégrés par les bactéries uniquement s'il y a des antibiotiques dans le milieu, ils sont sélectionnés par le milieu. Ici les contraintes de l'environnement sélectionnent directement les gènes – et non pas les bactéries. Cela remet en cause la notion darwinienne de sélection des individus. Chez des personnes qui prennent des antibiotiques, on mesure dans le tube digestif une augmentation du nombre des gènes de résistance sans que ce soit associé à une bactérie particulière, c'est le nombre de gènes qui augmente et non pas le nombre de bactéries.

En effet les êtres vivants pourraient être considérés comme des communautés de gènes qui s'aident mutuellement pour pouvoir se propager. Quand un gène devient inutile, il est éliminé rapidement sauf s'il a des mécanismes qui lui permettent de résister. C'est le cas des gènes qui forment une « addiction », comme les gènes des couples toxine-antitoxine. Quand la cellule porte de tels gènes « addictifs », elle ne peut ni se détacher ni se débarrasser d'un des deux éléments de l'addiction, même s'il n'est pas utile, sous peine de mourir. Si la cellule essaye de supprimer la toxine, l'andidote disparaît aussi, et comme l'antidote a une vie plus courte, la cellule meurt. Ici le développement d'un gène n'est pas lié à un avantage particulier, mais à son activité égoïste.

Tout cela remet en cause la théorie darwinienne. Or, paradoxalement, Dawkins n'était pas du tout antidarwinien ! Il était un fervent militant de l'athéisme, et commettait l'erreur de croire – comme nous l'avons vu – que défendre le darwinisme, c'était défendre une position antichrétienne. Il allait même jusqu'à penser que la science pourrait prouver que Dieu n'existe pas, ce qui est une illusion. D'ailleurs il est ridiculisé dans *South Park* de façon hilarante ! Les auteurs de cette série d'animation américaine imaginent qu'après sa mort il devient prophète d'une nouvelle religion, l'athéisme selon Dawkins… Il ne pouvait donc pas remettre en cause la thèse de Darwin, considérée par beaucoup comme une première étape de lutte contre les religions.

Pr Didier Raoult

La théorie de la Reine rouge : innover ou mourir !

La théorie de la Reine rouge tire son nom d'un passage du fameux livre de Lewis Carroll *De l'autre côté du miroir*, la suite d'*Alice au pays des merveilles*. Écrits par un mathématicien, ces récits « surréalistes » ont bercé les enfants de langue anglaise tout comme les *Fables* de La Fontaine ont bercé les petits Français. Dans sa théorie de la Reine rouge, le biologiste américain Leigh Van Valen suggère que l'évolution est dirigée par une « course aux armements » permanente des êtres vivants. Dans le roman, Alice court à côté de la Reine rouge, mais s'étonne que le paysage ne change pas autour d'elles, comme si elles faisaient du surplace. La reine lui répond alors : « Nous courons pour rester à la même place. » Par analogie, l'idée est que les êtres vivants doivent évoluer en permanence pour conserver leur place dans un écosystème également changeant. Si les prédateurs se mettent à courir plus vite, les proies devront aussi devenir plus rapides pour ne pas se faire dévorer. Van Valen a décrit en particulier ce mécanisme dans la compétition entre les parasites et leurs hôtes. Les bactéries produisent des toxines, contre lesquelles, nous, êtres humains, synthétisons des anticorps. Afin de survivre l'un trouve une arme, l'autre un bouclier et vice versa, sous peine de disparaître. C'est la course aux armements. Parfois les parasites peuvent inventer de nouvelles armes auxquelles nous ne sommes pas préparés. C'est le cas du virus de la grippe qui se recombine chaque année et contre lequel les producteurs de vaccins sont engagés à chaque fois dans une course contre la montre. Cette analogie est consistante dans un certain nombre d'exemples, mais encore une fois, elle n'est pas généralisable.

Ce qui est remarquable dans la théorie de la Reine rouge, c'est qu'elle change notre regard sur l'évolution. Il ne s'agit plus d'observer les transformations d'un individu isolé, mais de le faire en lien avec son environnement. L'évolution de l'Homme est guidée par sa relation avec l'extérieur et non pas par un objectif de performance. L'idée d'une évolution qui tendrait vers un être parfait est encore assez prégnante dans l'esprit des gens. La perfection est toutefois très relative. On peut être le meilleur dans un écosystème donné mais inadapté ailleurs. Le progrès est également relatif. La vraie nouveauté décrite par Van Valen est de dissocier l'idée de progrès de celle d'évolution. Comme le dit la Reine rouge, lorsqu'on évolue, en réalité on reste à la même place dans l'écosystème. En d'autres termes, il faut innover sans arrêt car si on n'innove pas on meurt ! Darwin n'avait jamais exprimé cette nécessité d'un changement permanent. Sa vision était beaucoup plus statique.

La théorie de la Reine rouge peut s'appliquer à l'économie. Imaginons que le taux de croissance de la France soit de 2 % en 2016 contre 1,5 % en 2015, vous pourrez croire que c'est un progrès par rapport à l'année précédente, mais dans un monde où tous les pays ont une croissance proche de 3 %, en réalité, la France perdrait des places dans le classement général. Pendant longtemps, le Japon a été en deuxième position pour la production scientifique. Aujourd'hui, le nombre de ses publications est resté le même, mais a cessé de croître, du coup le pays du Soleil-Levant a perdu des points.

Les États-Unis continuent de produire toujours plus d'articles mais moins vite que le reste du monde. Résultat, ils ont aussi perdu une part d'environ 20 % de la production scientifique mondiale par rapport à il y a quinze ans.

La théorie des « fous du roi » : contre la sélection des plus aptes

Pour les tenants de la théorie des fous du roi (*court jesters* en anglais), l'évolution n'a aucun sens, elle part dans toutes les directions et fait n'importe quoi, comme les bouffons des monarques dans le passé. Cette idée est donc très opposée aux théories finalistes pour lesquelles tout tend vers un mieux et même à la sélection naturelle des plus aptes. Motoo Kimura, un théoricien de l'évolution japonais, a montré que la plupart des mutations génétiques étaient neutres du point de vue de l'évolution, c'est-à-dire qu'elles n'apportaient ni bénéfice ni désavantage. Aujourd'hui, on considère qu'elles sont même souvent plutôt délétères. On ne peut donc pas dire que les mutations conservées par les organismes soient toujours favorables.

Il y a une erreur évidente dans la théorie de Darwin : l'évolution ne se fait pas toujours par la sélection des plus aptes. La plus grande partie de la sélection résulte d'un coup de chance. C'est particulièrement visible après des événements catastrophiques. L'histoire des chevaux en Amérique est un très bon exemple. Quand les premiers conquistadors sont arrivés à la fin du XVe siècle, il n'y avait pas de chevaux, c'est eux qui en ont importé.

Toutefois des fossiles d'équidés plus anciens ont été retrouvés, ce qui prouve que des chevaux avaient déjà vécu en Amérique dans une période antérieure. Et on ne peut pas dire qu'ils ont disparu parce qu'ils n'étaient pas adaptés à leur environnement puisque la réintroduction de quelques chevaux espagnols a repeuplé rapidement tout le continent. Cet exemple va à l'encontre de l'idée de la sélection des plus aptes. On ne sait pas comment les chevaux ont disparu la première fois, probablement lors d'un goulot d'étranglement de l'évolution, lorsque de très nombreuses espèces sont éliminées de façon aléatoire et non pas parce qu'elles sont inférieures, en particulier dans la période de la sixième extinction que nous observons.

La sélection naturelle du plus apte n'est donc plus considérée aujourd'hui comme la règle absolue et unique de l'évolution. D'autres mécanismes entrent en jeu, comme la sélection liée au hasard, à des événements particuliers, catastrophes, changements de l'environnement, etc. Ce qui est sûr c'est que l'évolution ne va pas dans le sens d'une amélioration permanente, contrairement à ce que sous-tendait la théorie de Darwin. Et pourtant, aucun des théoriciens du XXe siècle n'a osé remettre en cause l'essence de sa doctrine.

Il est très difficile d'avoir une théorie qui va contre la pensée dominante du siècle. C'est le grand apport des épistémologistes[1] au XXe siècle d'avoir compris cela et montré que les théories scientifiques étaient influencées par leur contexte social et culturel.

1. Philosophes des sciences.

Nietzsche : la thèse de l'incohérence

Parmi les penseurs du XIXe siècle, Nietzsche, considéré comme le plus grand génie de la philosophie avec Platon, va pourtant faire exploser le système de pensée dominant. Il introduit une chose qui paraissait absolument invraisemblable : l'incohérence. Pour le philosophe allemand, on peut dire et penser deux choses opposées, les humains ne sont pas cohérents et l'idée de la rationalité humaine est erronée. C'est pourquoi, d'ailleurs, il existe beaucoup d'interprétations possibles de sa pensée, chacun peut y trouver ce qu'il veut. Nietzsche est bien sûr influencé par les présocratiques et par la diffusion des religions orientales qui obligent à remettre en perspective la pensée occidentale comme une forme de pensée parmi d'autres, celle d'une civilisation à un moment donné et non un aboutissement de l'évolution. Le père spirituel des auteurs de la « *French Theory* » formule cela et teste « au marteau » toutes les grandes évidences de son temps.

Nietzsche est ainsi extrêmement critique envers Darwin. Très anticartésien, le penseur allemand se heurte à l'explication très rationnelle de l'évolution du naturaliste anglais. Il a même des élans méprisants, déclarant que « c'est une idée d'enfant de penser que tout ce qui a été fait l'a été pour que nous puissions le comprendre ». Nietzsche s'oppose aux théories rationalisantes qui tentent de tout expliquer. Il remet ainsi en cause l'héritage de Descartes. Nietzsche pense au contraire qu'il restera toujours des choses qu'on ne comprendra pas.

Les pensées « religieuses » modernes

Parallèlement à cette pensée dispersante apparaissent au XIXe des pensées totalisantes de substitution au christianisme, ce que je considère comme des pensées religieuses modernes, comme le marxisme et la psychanalyse.

Le Capital de Karl Marx est un livre extraordinaire. Son idée d'utiliser les forces économiques en présence pour expliquer une partie de l'Histoire est géniale. Mais elle ne peut pas tout expliquer. Ceux qui l'ont cru ont transformé le marxisme en une nouvelle Église avec ses grands prêtres et ses hérétiques. Dès qu'une théorie devient totalisante, elle sort du champ scientifique et se transforme en croyance. Il s'est passé la même chose pour la psychanalyse. Freud a apporté un point de vue radicalement nouveau ainsi qu'une forme de thérapie très utile. Il est toutefois erroné d'ériger la psychanalyse en dogme absolu, en particulier parce qu'elle n'apporte pas d'explication aux pathologies psychiatriques.

XXe siècle : une tentative de compréhension de l'histoire des sciences

Les deux penseurs les plus marquants dans ce domaine, l'autrichien Karl Popper et l'américain Thomas Kuhn, ont présenté deux hypothèses divergentes. Ils ont été en partie inspirés par la pensée de Nietzsche.

Karl Popper : changements d'outils, changements de théories

Pour Karl Popper, les changements de théories scientifiques sont la conséquence d'un changement d'outils. Comme souvent chez les épistémologistes, ce sont les avancées des sciences physiques qui ont servi à sa réflexion. La découverte de l'héliocentrisme par Galilée, selon Popper, a été rendue possible par le développement de la lunette astronomique qui a offert de nouvelles capacités d'observation des étoiles et des planètes. À partir de ce bouleversement des techniques, la théorie dominante (celle du géocentrisme qui affirme que la Terre est au centre du Système solaire) devient instable car les observations la mettent en péril.

Autre exemple, contemporain celui-ci : le virus géant qu'a identifié notre laboratoire de Marseille. Nous travaillons en fait sur l'identification de bactéries nouvelles. Pour cela, nous utilisons un outil moléculaire qui reconnaît une séquence génétique commune à toutes les bactéries, une sorte d'empreinte type. Un jour, une bactérie a échappé à ce contrôle d'identité. Nous étions pourtant persuadés qu'il s'agissait d'une bactérie car elle réagissait à un test de coloration, un outil permettant de visualiser les bactéries au microscope mis au point au XIXe siècle. Toutefois, ce micro-organisme ne contenait pas la séquence d'ADN « signature » des bactéries. Nous avons tenté de résoudre cette énigme pendant plusieurs années. Nous pensions qu'il s'agissait d'une erreur technique. Puis nous avons eu l'idée d'utiliser la microscopie électronique, beaucoup plus précise que la microscopie classique. Et là, surprise ! Nous avons observé un objet de la taille d'une bactérie mais avec une forme de grand virus. Encore une fois, c'est en changeant d'outil que la découverte a été rendue possible. À partir de ce moment, l'hypothèse d'une nouvelle famille de virus a été posée. Nous avons eu les plus grandes difficultés à publier ce résultat. Baptisé « Mimivirus », ce virus géant avait été confondu avec une bactérie en raison d'outils inadaptés et parce que la théorie (selon laquelle les virus sont invisibles au microscope) empêchait de le voir. Cette découverte récente remet en cause la classification des virus. Il sera nécessaire de changer le paradigme car la théorie est désormais instable. Depuis dix ans, six familles de virus géants ont été observées, trois dans notre laboratoire par l'équipe de Bernard La Scola et trois autres par une équipe concurrente à Marseille. Nous avons décidé de les baptiser TRUC (acronyme de l'anglais signifiant « des choses qui résistent à une classification incomplète »). L'autre équipe les nomme Girus pour *giant virus* (virus géants). On verra bien qui triomphera à la fin dans le choix de la dénomination. Nous sommes cependant juste au stade de la description, pas encore de la classification de ces nouveaux micro-organismes.

Karl Popper considère en outre qu'une théorie scientifique doit être falsifiable parce que le temps montrera qu'elle est en partie fausse. C'est sa deuxième grande idée. Il explique qu'une théorie scientifique ne peut exister que s'il est possible d'imaginer une expérience qui montre qu'elle n'est pas exacte, par exemple à l'aide de nouveaux outils qui apporteraient des faits inédits. Il est nécessaire d'accepter qu'une théorie puisse être fausse, sinon cela devient une religion ou une croyance. Karl

Popper en déduit que ni le darwinisme, ni le marxisme, ni la psychanalyse ne sont des théories scientifiques car elles ne sont pas falsifiables. En osant dire que la théorie de l'évolution ne relevait pas de la science, il a été terriblement attaqué. Je suis toutefois convaincu que la théorie de Darwin était une théorie scientifique au départ, avant de devenir un élément de clivage entre deux camps de passionnés et une théorie idéologique.

Thomas Kuhn : changer la théorie ? Un travail titanesque

Thomas Kuhn va encore plus loin. L'épistémologiste américain montre que très souvent les théories scientifiques, même rendues instables à cause de l'accumulation de faits contradictoires, ne peuvent pas être renversées sans un changement du paradigme, autrement dit de l'ensemble du modèle de pensée. Modifier la théorie nécessite une réanalyse radicalement différente des données. Kuhn prend à nouveau l'exemple de Galilée et explique qu'au début de la réflexion sur l'héliocentrisme, les données étaient réunies depuis longtemps déjà mais l'idée que la Terre ne soit pas au centre de l'Univers n'était pas acceptable, bien que des géographes grecs l'aient déjà formulée. Il a fallu une personne pour porter le combat, un « héros de la raison » pour transformer les faits accumulés en une nouvelle théorie qui puisse être acceptée et changer ainsi le paradigme. De façon similaire, Louis Pasteur a été celui qui a porté la théorie microbienne, même s'il existait déjà de nombreux éléments allant dans le sens de cette hypothèse. Ce sont les héros hégéliens qui changent le paradigme. D'une certaine manière, Darwin, en introduisant l'idée d'évolution, a changé le paradigme dominant de son époque, le fixisme.

Le renversement de la théorie prend toutefois du temps. Lorsqu'une première exception à la règle commence à ébranler la théorie, cette anomalie est minimisée car tout le monde tente de défendre le dogme existant.

J'ai vécu une expérience qui illustre parfaitement ce moment de tension quand une théorie est fragilisée par des observations inédites. Lorsque mon équipe a découvert le premier virus géant, la majorité des scientifiques a voulu croire qu'il ne s'agissait que d'une exception qui ne remettait pas en cause la définition des virus. Ces derniers étaient jusqu'alors caractérisés comme des organismes invisibles au microscope. Or le virus géant que l'on avait décrit était observable avec cet outil, ce qui bousculait la classification habituelle des virus. Cette découverte a généré une réaction violente et même des arguments théologiques, certains s'interrogeant sur la nature vivante des virus. Or cette question ne relève pas de la science mais de la philosophie.

Le renversement de paradigme, initié par la pensée de Nietzche, a été un des éléments majeurs repris par les intellectuels postmodernes français dont la pensée a été rebaptisée *French Theory* aux États-Unis. Les études modernes sur le « genre » des êtres humains sont ainsi basées sur l'idée de la nécessité de ce renversement. C'est en prenant l'hypothèse inverse du modèle dominant qui affirmait que les différences entre hommes et femmes étaient uniquement liées à des distinctions sur le plan du système cognitif et sur celui de la biologie qu'elles ont révélé le rôle majeur joué par la culture et l'éducation.

Certaines différences liées à l'anatomie restent néanmoins irréductibles. La théorie dominante a donc été renversée mais pas totalement détruite pour autant. En physique, la théorie de la gravitation universelle de Newton a été supplantée par celle de la relativité générale d'Einstein au XXe siècle. La première continue toutefois d'expliquer les phénomènes à notre échelle. On ne peut donc pas dire qu'elle n'est plus vraie du tout. Une théorie accommode la connaissance à un moment donné. Elle peut continuer à être utile ultérieurement, mais une théorie est toujours imparfaite car elle est influencée d'une part par les outils à disposition et d'autre part par la culture dans laquelle elle est produite.

Épistémologie, divorces et nouvelles technologies

Les approches philosophiques de Kuhn et Popper peuvent se retrouver dans l'analyse des relations humaines. Par exemple, la perception de son ex-conjoint après un divorce étant complètement changée par la nouvelle nature des relations, elle amène à voir un être différent de celui qu'on voyait avant. Pourtant cet être n'a pas changé, seul a changé le point de vue. Des défauts nouveaux apparaissent ainsi que des incompatibilités auparavant cachées par la finalité qui était de s'entendre. De façon similaire, en science, quand un chercheur décide de l'objectif à atteindre, il devient aveugle à tous les éléments étrangers à son but final. C'est la leçon de Kuhn.

Par ailleurs, dans les couples, quelque chose peut aussi bouleverser les rapports, en particulier dans notre époque électronique : ce sont les téléphones portables.

Ils sont à l'origine d'une quantité de divorces qui sont liés non pas à un changement de point de vue mais à un changement de niveau d'information lié à un changement d'outil. Les nouvelles technologies permettent aujourd'hui de localiser le porteur, de retrouver les messages et ainsi de dévoiler une partie de son intimité qui était jusqu'à présent non visible. Cela ressemble tout à fait à l'approche de Popper, pour qui chaque nouvel outil permet de réaliser et de voir des aspects jusqu'alors inconnus. Il est clair qu'à l'avenir, les humains auront à s'adapter au niveau de performance de ces nouveaux appareils afin de pouvoir vivre ensemble malgré une information incompatible avec le mode de vie antérieur. Ainsi le mensonge, qui était une forme suprême pour éviter les situations de conflit ou de rupture, est aujourd'hui plus difficilement utilisable du fait de la traçabilité des mouvements, des achats et des conversations. Une plus grande indulgence devra probablement se substituer à l'usage du mensonge.

David Bloor : la science influencée par le contexte socioculturel

David Bloor, sociologue et philosophe des sciences à l'université d'Édimbourg, est allé plus loin encore que Kuhn et Popper, en montrant l'importance de l'influence socioculturelle dans le recueil des données. En biologie c'est un problème majeur : de nombreuses données finissent à la poubelle car on n'arrive pas à les expliquer. Lorsque nous identifions des protéines qui ne semblent codées par aucun gène connu, nous les éliminons car nous ne savons pas les interpréter. Beaucoup considèrent que ce sont des erreurs. Plutôt que de chercher des codes alternatifs ou des explications différentes, nous effaçons ces résultats. Notre modèle, basé sur la théorie du « code génétique » des années 1960, s'impose dans notre interprétation des données. Ce qui ne correspond pas à l'a priori est mis de côté.

Un autre exemple permet d'illustrer ce frein au progrès des sciences. En septembre dernier, des chercheurs ont identifié pour la première fois une hormone humaine secrétée pendant l'effort. Cela faisait longtemps que les biologistes recherchaient une telle protéine dont le rôle était suspecté dans les changements métaboliques liés à l'activité physique. Toutefois, l'équipe à l'origine de cette découverte n'a pas réussi au départ à trouver le gène correspondant à l'hormone dans le génome humain. Plus précisément, ils ont trouvé une séquence d'ADN mais comme il lui manquait la tête de lecture habituellement présente à l'une des extrémités pour délimiter la longueur d'un gène (le codon start), ils ont pensé que c'était une erreur. Cela illustre notre dépendance à la règle, quasiment religieuse ! Dans son article, l'auteur a néanmoins confirmé l'existence de l'hormone de l'effort de façon très claire. Cela signifie que, de temps en temps, une protéine peut être codée de façon différente de ce qui est prévu par la loi. C'est très intéressant ! Dans notre laboratoire, environ 10 % des protéines identifiées ne sont pas codées selon la règle. Mais aujourd'hui seuls les résultats conformes au principe du code génétique sont publiés. Selon moi, ce qui est mis à la poubelle est pourtant le plus intéressant ! Ces données sont plus difficiles à comprendre, car le mécanisme sous-jacent n'est pas connu, mais c'est ce qui est passionnant. David Bloor affirme que l'on est toujours aveuglé par la théorie précédente, il est difficile de faire autrement. Pourtant, une partie de la réalité que l'on ne voit pas, ou que l'on n'arrive pas à analyser à cause de cette visière, pourrait contribuer à faire progresser la connaissance.

Le postdarwinisme : un tabou ?

Darwin est devenu une idole qu'on ne peut plus toucher. Comme je suis un sophiste, je pense à l'inverse que c'est en s'attaquant à une théorie hégémonique que l'on peut découvrir des choses que l'on ne voyait pas avant. Je suis contre la transformation de théories scientifiques en dogmes, à l'instar de ce qu'est devenue la théorie de Darwin. J'imagine que si j'étais physicien, je serais également très irrité par le mythe qui s'est construit autour d'Einstein alors qu'il n'avait pas admis la physique quantique. Le darwinisme a été utile pour faire avancer les connaissances mais il ne s'agit pas d'en faire une théorie d'actualité pour expliquer le monde ni surtout un motif de clivage entre deux camps de passionnés comme aux États-Unis !

Si la théorie de Darwin s'impose à ce point en Occident, c'est pour deux raisons majeures. D'abord parce qu'elle est compatible avec notre structure mentale et culturelle. Les Indiens auraient probablement représenté l'évolution dans une forme circulaire, en raison de leur croyance en la réincarnation. L'arbre de vie de Darwin (*Tree of life*) est une expression biblique et une représentation très ancienne de notre imaginaire. Or cette vision d'entités qui s'écartent au cours du temps sur des branches de plus en plus éloignées est fausse. La génétique nous a appris qu'il existait parfois des échanges de gènes entre deux espèces très éloignées.

L'autre raison du succès moderne de Darwin est ce qu'on appelle la dépendance au sentier. Il est très difficile d'avoir une pensée indépendante des connaissances antérieures. Aujourd'hui encore, à l'heure de la bio-informatique, nous continuons à élaborer des milliers d'arbres « généalogiques », sur le modèle darwinien, pour analyser la parenté entre différents gènes ou protéines. Ce sont des outils très utiles mais limités car ils s'appuient sur le postulat que toutes les séquences ont évolué à partir d'une origine unique, ce qui est faux, en particulier du fait des recombinaisons entre gènes. Bien que conscients du caractère erroné de cette représentation, nous l'utilisons car elle nous permet de comprendre un certain nombre de choses, et surtout parce que nous ne savons pas faire autrement ! Il y a un blocage culturel et technique, de la même manière que très peu de personnes, y compris parmi les physiciens, parviennent à intégrer le bouleversement de savoir apporté par la physique quantique, car il est difficile à appréhender pour notre structure mentale.

Je pense que la structure d'un rhizome, la partie souterraine foisonnante de certaines plantes, permet de mieux représenter les origines de la vie. Les différents filaments se recoupent plusieurs fois entre eux, ce qui permet d'illustrer nos origines complexes et multiples. De façon amusante, j'avais pensé à l'image du rhizome avant de lire l'ouvrage de Gilles Deleuze et Félix Guattari[1] qui porte ce

---

1. Gilles Deleuze et Félix Guattari, *Rhizome*, Éditions de Minuit, 1976.

nom. Ces penseurs postmodernes avaient compris le fonctionnement des virus décrit par le biologiste François Jacob et en ont déduit une généalogie multiple et non pas unique ni verticale des êtres vivants. Dans *Rhizome*, Deleuze montre que cette idée se vérifie sur le plan des civilisations et des cultures.

Il semble que cette pensée essentielle se répande petit à petit. Tout le monde ne peut pas renverser sa façon de penser du jour au lendemain. Pourtant, à notre époque où l'on assiste à un rétrécissement du champ de vision et à une montée de l'inquiétude et des peurs, alimentées par les théories du déclin, cette pensée est vitale ! Les gens se réfugient dans des visions caricaturales, des notions très simples et fausses, comme l'idée erronée de race, au lieu de regarder les choses de façon plus objective, en essayant de faire tomber les préjugés et les visions trop culturelles et de s'appuyer sur les observations récentes des sciences.

*

* *

Le droit est un des éléments qui se prêtent à une analyse singulière selon un point de vue darwinien ou non darwinien. C'est un domaine qui me tient à cœur car j'ai eu l'occasion de discuter et de travailler avec mon fils, juriste de formation, sur l'importation des stratégies d'analyse de type darwinien dans l'étude du droit. Il existe deux visions très différentes du droit. La première est celle du droit transcendant, vertical, qui a une nature un peu darwinienne : c'est l'idée que les règles préexistent de façon quasi divine et se transmettent à partir des plus anciens. En pratique, c'est le droit romain qui impose une cohérence théorique légitime, qui dicte la façon dont on doit se comporter et donne la signification symbolique des transgressions au droit. Ce droit romain – écrit dans une phase très tardive d'ailleurs, en pleine décadence de l'Empire romain d'Occident, sous Justinien – est le droit qui s'est imposé face à l'autre forme de droit qui est le droit allemand, basé uniquement sur la tradition et la jurisprudence. Cette analyse a été bien mieux faite que je ne saurais le faire par Montesquieu. Il montre ce qui est l'héritage du droit, d'un côté, et celui de l'évolution des mœurs, de l'autre. Ainsi Montesquieu écrit que « le droit suit les mœurs », ce qui devrait éclairer les décisions de notre époque sur le pacte civil de solidarité (pacs) ou le mariage des homosexuels. La question n'est pas de savoir si les homosexuels devraient se marier ou non mais si la société accepte de reconnaître d'une manière ou d'une autre l'union stable, existant de facto, de ces personnes. Il y a donc une opposition directe, que l'on retrouve de manière violente dans nos sociétés, entre ceux qui ont la vision quasi religieuse d'un droit transcendant dont les principes sont imposés par quelque chose qui nous dépasse et non pas par la culture et l'Histoire, et ceux qui ont la vision d'un droit dont la nature est de s'adapter à ce qui fait déjà partie des mœurs. Ce débat n'est pas nouveau, il opposait déjà Platon avec sa vision transcendante (et délirante pour dire la vérité) et Lucrèce pour qui le droit avait pour but de nous aider à vivre ensemble ou de nous apprendre à vivre tout simplement. D'ailleurs les délires de Platon rendaient prévisibles les délires du nazisme ou les désirs du communisme, puisque

Platon pensait que tous les enfants devaient être enlevés à leurs parents pour être élevés de manière commune, comme même Mao Tsé-toung n'a pas réussi à le faire. La bienveillance vis-à-vis des idées de Platon reste un autre mystère du XXIe siècle.

Comme dans l'histoire de l'évolution humaine, le développement du droit a été marqué par des épisodes sporadiques d'une très grande violence comme celui du code civil de Napoléon – écrit par Jean-Jacques-Régis de Cambacérès et ressuscitant le code romain –, que l'Empereur a pratiquement imposé dans toute l'Europe après la Révolution. Puis on a de nouveau imposé ce code, à travers la colonisation française, dans une grande partie de l'Afrique. Dans un certain nombre de cas vont se produire des événements de fusion, en particulier dans certains pays dont le Mali, où le code Napoléon et la charia seront mélangés. Dans d'autres pays, le code Napoléon sera petit à petit transformé par la concordance avec les mœurs locales. Ainsi, à partir du nœud de l'importation massive du code Napoléon, on verra petit à petit diverger les droits des pays transformés par ce code, en accord avec les pratiques locales. Là aussi l'évolution de la loi est une démonstration des mécanismes d'évolution qui dément la vision darwinienne du monde.

*
* *

Le néodarwinisme est resté très fort à notre époque, en particulier aux États-Unis, où il est encore sacrilège de critiquer la théorie de Darwin. Un très grand scientifique de la biologie de l'évolution, W. Ford Doolittle, professeur émérite de biochimie à l'université Dalhousie d'Halifax, au Canada, a été attaqué après avoir été l'un des premiers à affirmer qu'il fallait sortir de la représentation arborescente des origines de la vie. Il est alors entré dans une démarche d'épistémologie. En 2014, j'ai eu de longues discussions avec lui et d'autres philosophes des sciences, en leur expliquant pourquoi je n'étais pas darwinien, sans pour autant être un créationniste, cette mouvance n'existant d'ailleurs pas en France. En Amérique du Nord, la population est clivée entre les darwinistes et les créationnistes, il faut savoir à quel camp on appartient. Cela touche aux racines de ce pays car pour les créationnistes, le darwinisme est une remise en cause de la véracité de la Bible. La majorité des scientifiques et intellectuels se disent darwiniens, pour se positionner contre les groupes religieux sectaires mais sans réellement connaître le darwinisme !

Eugene Koonin, un expert américain d'origine russe mondialement reconnu dans le champ de l'analyse génétique et de l'évolution, devenu un ami, a d'abord été très choqué par ma critique des idées de Darwin. Comme de nombreux scientifiques, il était aveuglé par la vénération qu'il portait à ce « héros de la science », et par la croyance prépondérante de son époque. Il a depuis réanalysé son point de vue, en particulier après avoir compris la pertinence d'une représentation de l'évolution sous forme de rhizome et de la pensée postmoderne. Dans son livre *The Logic of Chance*[1], publié en 2011, il intègre en partie

1. Eugene Koonin, *The Logic of Chance : the Nature and Origin of Biological Evolution*, FT Press Science, 2011.

cette vision postmoderne de l'évolution et revisite la théorie darwinienne à la lumière des découvertes récentes de la science : il décrit ce qui demeure et ce qu'il faut oublier de la théorie de Darwin. C'est un des premiers évolutionnistes à saisir qu'il ne faut pas se laisser prendre par la pensée régnante.

Les théories sont très utiles pour rendre compréhensible la somme des connaissances à un moment donné, mais lorsqu'elles deviennent des croyances, elles sortent du champ de la science. Darwin est devenu le symbole de la querelle entre les Anciens et les Modernes. Quand j'ai commencé à remettre en cause sa théorie, certains, tout en reconnaissant la véracité de mes arguments, se sont inquiétés, craignant que cela alimente le discours des obscurantistes qui renient l'évolution. Cela m'est égal car je n'appartiens à aucune religion et je me sens encore plus éloigné des créationnistes que des darwiniens ! Les termes sont d'ailleurs trompeurs. Ceux qu'on appelle les créationnistes sont en réalité, selon moi, des fixistes car ils pensent que le monde a été créé tel qu'il est aujourd'hui sans évoluer depuis. À l'inverse, je pourrais me considérer comme un « créationniste » dans le sens où je crois qu'il se créée sans cesse des choses nouvelles. Je pense qu'il y a une créativité permanente, ce qui est d'ailleurs compatible avec la religion grecque ancienne ou la religion hindouiste.

– DEUXIÈME PARTIE –

À LA DÉCOUVERTE DES ÊTRES VIVANTS… DES SURPRISES DE TAILLE !

Les récentes observations de la science invitent à transformer notre regard sur la nature de l'Homme et à nous détacher d'une vision humaniste distinguant radicalement l'être humain des autres espèces vivantes.

Premièrement, l'être humain vit dans un écosystème (culture, climat, géographie, faune et flore, microbes) qui influence son comportement, son habillement, son apparence physique et détermine son risque de développer certaines maladies. Quand cet écosystème change, c'est la société entière qui évolue. La diffusion des nouvelles technologies métamorphose aujourd'hui nos rapports humains et accentue le risque d'épidémies mondiales (pandémies). Selon que l'on vit sous les tropiques, près du pôle Nord, en ville ou à la campagne, dans un pays jeune ou vieillissant, notre rapport au monde et notre morphologie seront différents.

Deuxièmement, en zoomant au cœur du corps humain, on découvre qu'il abrite lui-même un écosystème composé de milliards de bactéries et de virus, influencés par le milieu qui les entoure. Le rôle de notre flore interne est encore mystérieux. Toutefois, elle a un rôle de défense contre certains agents pathogènes et peut favoriser une prise de poids.

Troisièmement, l'homme est une chimère composée de cellules de différentes natures (avec un patrimoine génétique distinct). Ainsi, les femmes enceintes reçoivent des perfusions de cellules de leur embryon durant la grossesse et peuvent donc avoir des cellules masculines si leur enfant est un garçon. Et cela n'est pas fini ! En zoomant à l'intérieur de nos cellules, nous découvrons qu'elles sont aussi des chimères ayant intégré des gènes de bactéries, de parasites ou de virus. Or ce n'est pas anodin, certains de ces gènes ont eu des conséquences très importantes pour notre évolution, et nous ne serions pas les mêmes sans eux !

Par ailleurs, l'environnement a une influence sur l'Homme et pourrait induire des changements sur plusieurs générations. Tous nos caractères ne sont pas liés uniquement à nos gènes, contrairement à ce que l'on a pensé pendant plusieurs décennies, mais aussi à leur utilisation différenciée (c'est une partie de ce qu'on appelle l'épigénétique). Le milieu extérieur joue un rôle majeur. On l'observe très bien chez les animaux dont certains sont capables d'une véritable transformation liée à un changement de paramètres environnementaux, à l'instar des criquets pèlerins. Dans notre société moderne, l'augmentation de la taille et du poids moyen des humains est en partie la conséquence du milieu environnant et du mode de vie.

Si l'on accepte de revoir notre vision de l'être humain à la lumière des résultats de la science, on comprend qu'il n'est ni uniforme ni stable et qu'il est le jouet (et parfois le moteur) des changements de son environnement. Cela invite à la modestie et empêche une appréciation simpliste des causes de maladies car les paramètres de l'écosystème externe et de l'écosystème interne sont multiples et parfois encore mal compris.

Cette nouvelle représentation de l'Homme, comme écosystème et comme chimère, soulève cependant des espoirs extraordinaires pour traiter demain de nombreuses maladies, dont le cancer et les maladies infectieuses.

– 4 –

LES ÊTRES VIVANTS COMME ÉCOSYSTÈME ET DANS UN ÉCOSYSTÈME

Un paramètre essentiel pour gérer la santé

Non, l'Homme n'est pas un être à part, distinct des animaux et étanche par rapport à son environnement. En tant que Terriens, nous interagissons avec l'écosystème qui nous entoure, tout autant qu'un animal ou une plante. Le milieu dans lequel nous vivons nous influence énormément, du type de nos vêtements à notre organisation sociale en passant par notre alimentation et le risque de maladies. Les habitants du pôle Nord et ceux des zones intertropicales ne se ressemblent pas, ne se comportent pas de la même manière et n'ont pas les mêmes relations entre eux du fait de l'écosystème environnant. Quand cet écosystème change, c'est la civilisation entière qui change. C'est important à comprendre pour analyser les effets de la mondialisation sur la planète. À partir de la Renaissance, quand les Européens ont commencé à explorer et coloniser l'Amérique et le reste du monde, ils ont apporté avec eux des animaux, des plantes et des microbes, initiant l'homogénéisation des espèces sur la planète, qui se poursuit actuellement.

Encore plus incroyable, l'Homme est lui-même un écosystème abritant des centaines d'espèces de bactéries et de virus. Les découvertes récentes de la science nous montrent que chaque être vivant n'est pas constitué uniquement des cellules de son espèce. Pour chaque cellule humaine, l'homme héberge 100 bactéries et 1 000 virus. Ces formes de vie sont extraordinairement influentes. Ce peuple invisible livre une guerre permanente à la fois pour survivre face aux concurrents à l'intérieur de nous et pour nous défendre contre les pathogènes étrangers. Parfois, des bouleversements dans l'écosystème extérieur, comme un changement d'alimentation, se répercutent sur notre écosystème interne. Les récentes études génétiques qui explorent ce dernier révèlent l'étendue de notre ignorance sur tous les microbes qui l'habitent, dont une grande partie n'ont pas encore été identifiés. C'est pourquoi il faut rester très modeste, en particulier en médecine, face à des maladies inexpliquées. Une grande majorité des pathologies sont en partie liées à l'environnement, comme les maladies infectieuses, certains cancers ou les maladies métaboliques. Et nous sommes le résultat des interactions entre notre patrimoine génétique et l'écosystème extérieur, y compris l'éducation et les traditions.

*
* *

L'Homme vit dans un écosystème constitué à la fois d'une communauté d'êtres vivants (animaux, plantes, microbes) et d'un environnement donné (climat, géologie, géographie, etc.). Au fil du temps et de l'évolution, les êtres vivants se sont adaptés à leur environnement. Toutes les espèces ne sont pas adaptées à tous les écosystèmes. Les animaux du Sahara ne sont pas les mêmes que ceux du pôle Nord ou des grandes failles sous-marines par exemple. Chaque écosystème définit la nature des êtres vivants qui peuvent y habiter.

Si le produit intérieur brut (PIB) était calculé à partir de la richesse en faune et en flore, les pays tropicaux seraient les premières économies du monde ! La jungle amazonienne en Amérique du Sud abrite ainsi une des plus fortes biodiversités de la planète. De manière générale, tous les écosystèmes chauds et humides offrent plus de variétés végétales et animales. Si vous voyagiez depuis la zone intertropicale vers le pôle Nord, vous remarqueriez de moins en moins de plantes et d'animaux différents. Il existe un degré de variabilité biologique lié aux conditions climatiques. D'ailleurs de nombreuses espèces vivant dans les zones tempérées sont originaires de la zone intertropicale. Il y a un sens sud-nord des migrations pour les animaux et les plantes dans notre hémisphère, tout comme pour les humains. Nous pensons que nos ancêtres ont migré depuis l'Afrique vers l'Eurasie !

La diversité des espèces vivantes, l'Homme inclus, est encore aujourd'hui plus importante en Afrique subsaharienne que dans tout le reste du monde. Une des raisons à cela est l'absence historique de grand empire qui aurait couvert tout ce continent comme cela fut le cas en Europe, en Asie ou en Amérique. Les humains ont été isolés dans des tribus pendant des milliers d'années, ce qui a favorisé la divergence de chaque tribu par rapport aux autres. En outre, l'absence de commerce à grande échelle n'a pas favorisé la dissémination et l'homogénéisation des espèces végétales et animales.

À l'inverse, en Europe et dans toutes les régions du monde explorées ou colonisées par les Européens, les nombreux échanges ont conduit à une baisse de la biodiversité et à une uniformisation des espèces. L'exploration humaine des zones isolées a participé à l'homogénéisation des espèces, qui va à l'encontre de la richesse de la biodiversité. C'est en suivant l'Homme que les rats et les souris ont envahi la plupart des régions. Les écosystèmes de nombreux lieux, autrefois isolés, se sont vus bouleversés par l'arrivée des humains et de leurs animaux domestiques et d'élevage comme les chats, les chiens, les vaches et les cochons. C'est également l'Homme qui a introduit les moustiques en Polynésie, où cet insecte n'existait pas. La mondialisation a commencé avec l'expansion européenne, ce n'est donc pas un phénomène récent.

La peau claire : un acquis vital dans les régions peu ensoleillées

La peau claire des Européens (la couleur « blanche » n'existe pas), probablement héritée de l'un de nos ancêtres, l'homme de Neandertal, est un caractère apparu tardivement dans l'évolution. Il se serait diffusé dans les zones moins ensoleillées de la planète car il offre un avantage évolutif, une meilleure synthèse de la vitamine D. Essentielle à l'organisme, cette vitamine est en effet en majeure partie fabriquée par les cellules de la peau en présence des rayons solaires, le reste provenant de l'alimentation. Or, en hiver et dans les zones peu ensoleillées, les occasions sont rares de refaire le stock de cette substance clé. La peau claire favorise toutefois une absorption plus efficace des rayons UV et ainsi une meilleure synthèse de la vitamine D par rapport aux peaux foncées, plus imperméables aux rayonnements solaires (et donc aussi mieux protégées de leurs effets néfastes) mais qui en reçoivent beaucoup plus. Le revers de la médaille des peaux claires est une vulnérabilité accrue aux rougeurs, coups de soleil et cancers de la peau. Bien entendu, on peut avoir un teint clair et vivre en Afrique ou inversement avoir la peau foncée et habiter en Suède.

Les « maladies de saison » : un mystère inexpliqué

Les médecins ont tendance à oublier le rôle joué par l'écosystème extérieur dans l'apparition de maladies. Pourtant, au ve siècle avant Jésus-Christ, Hippocrate affirmait déjà que pour déterminer les causes des maladies, il fallait regarder l'environnement (la saison, l'eau, etc.), l'alimentation et les habitudes de vie. Pour le médecin grec, il était évident que l'Homme était le jouet d'un écosystème.

Prenons l'exemple de la grippe. Jusqu'à récemment, les médecins européens pensaient que c'était une pathologie liée au froid. La théorie stipulait que les virus grippaux résistaient mieux sous de basses températures. De fait, les épidémies annuelles de grippe se produisent durant l'hiver dans les régions tempérées comme la France. La pandémie de grippe H1N1 a été l'exception puisqu'elle s'est mystérieusement arrêtée avant la saison hivernale. Une de nos équipes a mené une étude chez des Français qui revenaient du pèlerinage à La Mecque où se côtoient chaque année des milliers de personnes avec un risque accru de contagion. Nos résultats montrent que 8 à 10 % des pèlerins rentrent avec le virus de la grippe mais sans développer la maladie. Cela invalide l'hypothèse du virus lié au froid. Toutefois, la transmission de la grippe semble partiellement dépendante de la saison. Il faut des circonstances climatiques particulières pour qu'il y ait des cas de grippe déclarés et contagieux, comme en hiver en France, ou pendant la saison des pluies en Afrique.

Il y a en réalité un grand nombre de maladies liées aux variations climatiques. Toutefois, à part pour certaines infections liées aux bains d'eau douce et pour les maladies transmises par les moustiques, naturellement plus fréquentes en été, la logique des maladies saisonnières est difficile à comprendre. Parmi les hypothèses, certains soulignent les habitudes de vie variables selon les saisons. En hiver, par exemple, on passe plus de temps dans des lieux confinés, proches les uns des autres, un facteur propice à la transmission des pathogènes. D'autres pensent que les épidémies hivernales seraient causées par une carence en vitamine D, un des éléments de défense contre les maladies, puisque sa synthèse requiert de s'exposer au soleil, ce qui est plus difficile en hiver. Mais aucune de ces suppositions n'a pour l'heure été confirmée.

Le comportement saisonnier des tiques, lui aussi, m'a longtemps intrigué. Dans le sud de la France, les plus fréquentes sont les tiques de chien. En temps normal, elles ne piquent que les chiens, mais quand il fait très chaud elles se mettent aussi à piquer les hommes et d'autres animaux. Leur préférence pour le chien est donc conditionnée par la température extérieure. Autre fait troublant, bien que les tiques soient plus nombreuses en mai, la maladie qu'elles transmettent à l'Homme (la fièvre boutonneuse) est plus fréquente en août (précisons qu'une seule semaine d'incubation est nécessaire). Pour tenter de mieux comprendre, j'ai réalisé une expérience en laboratoire. J'ai placé un groupe de jeunes tiques dans un bocal à 22 °C et un autre groupe dans une étuve à 40 °C pendant trois jours. Puis je les ai posées sur mon bras durant une demi-heure. Aucune de celles qui étaient à température ambiante ne m'a piqué, tandis que plus de la moitié du groupe incubé à 40 °C s'est attachée à ma peau. C'était très spectaculaire à voir. Je ne sais toujours pas ce qui les pousse à piquer l'Homme mais il semblerait que leur métabolisme soit modifié par la température, ce qui les inciterait à changer de comportement. Avant cette expérience, aveuglé par une vision mécanistique simple – une tique est considérée comme une seringue qui pique systématiquement –, je ne parvenais pas à comprendre que leur conduite soit modulée par l'écosystème. Cet exemple illustre le rôle joué par les interactions entre le milieu, les maladies et l'Homme.

L'émancipation des femmes : liée à la mutation de l'écosystème

L'écosystème peut aussi provoquer des mutations de la société. L'évolution de la position des femmes en Occident n'a ainsi rien à voir, selon moi, avec les thèses féministes mais résulte des changements de l'écosystème. Les féministes ont animé la transformation sociétale qui était déjà à l'œuvre.

Au XIXe siècle, une femme avait une espérance de vie de quarante ans, douze ou treize grossesses et deux ou trois enfants vivants. Le temps consacré aux grossesses, à l'allaitement et aux soins des enfants représentait donc 60 à 80 % de sa vie. Une femme n'avait pas le temps de faire autre chose ! La forte régression de la mortalité infantile et en couches a été le déclencheur du changement. Elle a été suivie d'une baisse de la fertilité des femmes, partout dans le monde, surtout liée au contrôle des naissances. C'est ce qu'on appelle la transition démographique. Cette mutation ne s'est pas produite en même temps dans tous les pays. La France a connu une bascule démographique plus précoce que l'Allemagne, ce qui fut un des drames du XIXe siècle puisque la population allemande, longtemps inférieure à celle de la France, l'a alors dépassée, ce qui a favorisé les conflits entre les deux pays. Entre le début de la baisse du nombre des décès infantiles et le moment où le nombre de naissances diminue à son tour se produit en effet un pic démographique intermédiaire. C'est ce qui a lieu actuellement en Afrique, où les femmes continuent à faire beaucoup d'enfants bien qu'ils ne meurent plus en bas âge.

J'observe que les changements du rapport des femmes au monde se produisent aussi dans des pays sans féminisme. Ce bouleversement du rôle des femmes n'est donc pas culturel mais lié à l'écosystème. Depuis plus de cinquante ans le temps consacré aux grossesses et à l'allaitement ne représente plus que quatre ou cinq ans de la vie des femmes, et comme leur espérance de vie est de quatre-vingts ans, elles ont beaucoup de temps pour faire autre chose et pour travailler !

D'autre part, l'écosystème des familles a été modifié aussi. Les hommes aisés qui avaient beaucoup d'enfants autrefois se sont mis à en avoir en moyenne seulement deux. L'ambition sociale, qui pouvait être reportée sur les seuls garçons quand il y avait dix enfants, fut dès lors transmise aux filles aussi. Si un homme avait deux enfants, il souhaitait qu'ils réussissent tous les deux, quel que soit leur sexe. Et les femmes dont le père avait une fonction sociale importante ne voulaient pas être femmes de ménage ou couturières, mais désiraient la même position sociale. La moitié des femmes politiques actuelles ont un père qui déjà était dans la politique. Et les premières femmes devenues professeurs de médecine avaient aussi un père médecin. À notre époque, comme les études sont mieux adaptées aux femmes – il est possible que la forme d'enseignement ou l'âge de sélection les favorise –, elles sont plus nombreuses que les hommes dans les universités du monde entier, y compris en Iran et en Arabie saoudite. Ce n'est pas le féminisme qui a changé ça, c'est l'écosystème. S'il n'y avait pas eu cette mutation démographique, le rôle des idéologies aurait été marginal car l'évolution de la place des femmes aurait toujours été restreinte par la nécessité de la reproduction. Il ne faut donc pas exagérer l'importance de nos idéologies sur la nature de l'évolution.

Notre rapport au monde dépend de l'écosystème extérieur qui est en transformation permanente. Chaque écosystème entraîne un mode de pensée propre et un rapport au monde différent. L'Allemagne et le Sénégal présentent ainsi deux écosystèmes très dissemblables ; l'une a une population vieillissante, l'autre une population très jeune. Ces dissemblances influencent les comportements et la mentalité dans ces pays. Les Sénégalais sont en moyenne beaucoup plus gais et optimistes que les Allemands.

Les événements extérieurs changent également les écosystèmes. Le tsunami de 2004 a par exemple provoqué un changement d'écosystème brutal dans les pays d'Asie du Sud-Est où de nombreux villages ont été dévastés.

Par ailleurs, depuis un siècle, le développement accéléré des technologies et des moyens de communication, comme Internet, est également un facteur de modification majeur de l'écosystème mondial par l'échange d'images, d'informations, de médicaments et d'autres produits. Le site chinois Alibaba, avec commande d'achats en ligne, est devenu le plus grand site de e-commerce dans le monde. Je suspecte que le téléphone portable en Afrique a été le vecteur du virus Ebola des forêts aux villes. Il ne s'agit pas ici de juger si les conséquences de ces évolutions sont bonnes ou mauvaises, mais de les constater. Je n'ai pas un système de pensée idéologique, ce qui n'est pas fréquent à notre époque. Je veux au contraire éliminer le plus de subjectivité possible. Cela peut être gênant et irritant pour ceux qui essayent en vain de me classer sur l'échiquier politique !

L'Homme est une jungle de microbes

Vous croyez être seul à habiter votre enveloppe corporelle ? Vous vous trompez ! L'Homme est lui-même un écosystème qui recouvre des milliards de micro-organismes. Votre corps compte au moins 100 fois plus de bactéries que de cellules humaines et au moins 100 fois plus de gènes codant[1] pour des protéines d'origine bactérienne que de gènes codant pour des protéines d'origine humaine. En outre, nous l'avons dit, le nombre de virus serait 1 000 fois plus élevé que celui des cellules humaines, la majorité étant des virus infectant les bactéries. Cette vie foisonnante, invisible à l'œil nu, nous a été étrangère pendant longtemps. Elle joue pourtant un rôle très important qui demeure en partie à découvrir.

Tout le monde n'abrite pas les mêmes populations de microbes. Notre écosystème interne est influencé par les conditions extérieures. Des études ont montré que la composition du microbiote intestinal – l'écosystème microbien – était différente chez les habitants des États-Unis, d'Europe ou d'Afrique. Au sein d'un même pays, l'Arabie saoudite, les urbains et les Bédouins n'ont pas le même écosystème intestinal. Il y a bien sûr des bases

1. Les gènes sont des supports d'information. Pour que celle-ci soit mise en œuvre, les gènes doivent être traduits en protéines, les véritables molécules « ouvriers » du fonctionnement des cellules.

communes à tous les microbiotes humains, comme l'existence de quatre grandes lignées bactériennes, mais selon les individus il existe des palettes variables liées à différents paramètres comme l'alimentation, l'allaitement et probablement la génétique.

En plus des bactéries et des virus, notre écosystème abrite d'autres micro-organismes comme les champignons (ou levures) et les archées. Sur 100 microbes du tube digestif, il y a 85 à 90 bactéries, 10 archées et de une à 5 levures. Les archées sont une famille distincte génétiquement mais morphologiquement ressemblant aux bactéries. Certains champignons, à l'instar de l'ultralevure (*Saccharomyces boulardii*), sont utilisés comme médicaments dans le traitement de la diarrhée. Les champignons sont des êtres fascinants, certains figurent parmi les plus petits du monde (comme les levures de bière) et d'autres parmi les plus grands (le plus grand mycélium du monde, la partie souterraine d'un champignon, identifié dans l'Oregon, aux États-Unis, a ainsi une longueur de 8,9 km !). Ils ont pourtant tous la même origine génétique.

Ces microbes qui nous habitent, parfois qualifiés de commensaux (du latin *cum*, avec, et *mesa*, table : « qui mange à la même table »), ne sont pas dangereux mais leur véritable rôle n'est pas encore bien compris. Certaines bactéries nous aident à mieux digérer, ce qui est un atout chez les personnes sous-alimentées, mais peut créer du surpoids chez d'autres car elles favorisent l'absorption des calories. Ces bactéries, appelées également probiotiques, sont utilisées depuis cinquante ans comme facteurs de croissance dans les élevages car elles font grossir les animaux. Mais tous les probiotiques n'ont pas cette propriété, certains favorisent à l'inverse une perte de poids. La fonction de la majorité de nos micro-organismes reste à explorer.

Ce microbiote, en majorité présent dans nos intestins, fait face à des changements radicaux. À chaque épisode de gastro-entérite ou lors de la prise d'antibiotiques par exemple, ce sont des milliards de bactéries qui meurent, avant que ne se rétablisse l'équilibre. Notre biotope[1] fait ainsi face à des vagues monstrueuses de destruction et de création. Et les changements de l'écosystème extérieur peuvent avoir des conséquences sur les défenses de l'écosystème interne de l'Homme.

Le sucre favorise les bactéries pathogènes

« Dis-moi ce que tu manges : je te dirai ce que tu es. » L'aphorisme de l'écrivain et gastronome du XVIIIe siècle Brillat-Savarin trouve un écho dans les résultats récents de la science. La démocratisation des sirops, des gâteaux et autres mets sucrés au XIXe siècle a dû réjouir de nombreux Européens. Toutefois ce changement d'alimentation a eu des conséquences moins joyeuses sur notre microbiote, nous rendant plus vulnérables à certaines infections.

C'est ce qu'a montré, de façon remarquable, une équipe de paléomicrobiologie de l'Institut Sanger, au Royaume-Uni. Les chercheurs ont analysé l'évolution des bactéries de la plaque dentaire sur une période de quatre mille ans jusqu'aujourd'hui. Ils ont constaté un changement radical à partir du moment où l'Homme a

1. Milieu intérieur vivant.

commencé à manger du sucre. L'introduction de cette denrée dans l'alimentation est une conséquence de l'intensification de la culture de la canne à sucre qu'a permis l'esclavage en Amérique. La démocratisation de son accès et l'appétence naturelle de l'Homme pour le sucre – qui agit comme une drogue sur notre cerveau – ont conduit tout le monde à en consommer. Ce bouleversement sociétal a également métamorphosé l'écosystème humain et en particulier la nature des bactéries de la plaque dentaire.

Lorsque l'hygiène dentaire était encore peu développée, beaucoup d'infections du cœur et du cerveau étaient causées par des bactéries dentaires pathogènes ayant migré au sein de ces organes. Il est très possible que les changements de composition du microbiote dentaire, liés à la présence accrue de sucre, aient pu favoriser le développement de certains germes pathogènes. L'apparition des caries est également liée à l'usage du sucre dans l'alimentation. Un anthropologue de la faculté de médecine de Marseille a comparé l'état de santé des dents d'une population des années 1950 (juste avant la généralisation des soins dentaires) et de squelettes anciens. Il a pu ainsi montrer que la proportion de caries avait augmenté parallèlement à l'arrivée du sucre au XIXe siècle. La capacité de l'Homme à faire face aux problèmes de santé est toutefois extraordinaire, comme l'atteste le bon état global des dentitions actuelles dans les pays industrialisés, grâce aux soins dentaires. L'espérance de vie a doublé en un siècle grâce à la médecine et aux technologies.

Une autre observation de l'influence de l'alimentation sur notre microbiote est surprenante. Le virus le plus fréquent dans nos intestins est lié à la consommation de poivrons et de piments. Ce virus théoriquement inoffensif est présent en quantité considérable sur ces légumes et s'installe ensuite dans notre écosystème. La sauce épicée de marque Tabasco en contiendrait un milliard par millilitre ! Or beaucoup de gens mangent des piments, un légume importé, comme bien d'autres, d'Amérique. La mondialisation, commencée au XVIe siècle, a donc également modifié notre flore intestinale.

Dans *Alice au pays des merveilles*, Lewis Caroll décrit les métamorphoses de son héroïne lorsqu'elle boit un sirop ou mange un biscuit. Cette image rend bien compte de la transformation des organismes vivants, comme l'Homme, par l'écosystème extérieur (alimentation, en l'occurrence, pour Alice).

La découverte des bactéries

La première bactérie a été observée à l'aide d'un microscope au XVIIe siècle par le savant néerlandais Antoni van Leeuwenhoek. Jusqu'alors la vie microscopique était imperceptible. Les savants pensaient que les maladies étaient causées par des miasmes, des substances présentes dans une atmosphère viciée. Si vous n'avez que vos yeux pour regarder, votre vision du monde est limitée. Comme l'a montré le philosophe des sciences Karl Popper, dès que vous utilisez un outil, comme un microscope ou des techniques moléculaires, pour identifier l'ADN, ce que vous « voyez » n'a plus rien à voir !

Mais chaque outil a ses limites et une partie de la réalité nous est encore invisible. Ce que l'on voit n'est qu'une petite partie de la vie, c'est une chose difficile à comprendre. Il faut beaucoup d'éducation pour intégrer dans notre pensée l'idée qu'une grande partie de ce que l'on voit est illusion.

Après la première description de bactérie, il a fallu attendre la généralisation des microscopes pour faire évoluer les choses. Le XIXe siècle a vu l'invention des colorations pour visualiser les microbes, puis celle des milieux de culture pour les faire se multiplier. C'est Louis Pasteur qui a démontré le rôle des microbes dans la fermentation. Sans connaître cette propriété, l'Homme les utilisait depuis l'aube des temps pour produire le vin, la bière mais aussi le fromage. Les levures servent à la fermentation alcoolique et à l'élaboration du roquefort (avec le champignon *Penicillium roqueforti)*, et les bactéries produisent les autres fromages (par exemple *Lactobacillus*, qui comme son nom l'indique est une bactérie du lait). Quand vous mangez du fromage ou du yaourt vous prenez aussi des antibiotiques (le *Penicillium* fabrique la pénicilline) ! Car pour survivre, les microbes passent leur temps à se battre entre eux en utilisant leurs armes, qui sont des antibiotiques. C'est un phénomène qui nous échappe mais qui se déroule pourtant tout près de nous et en nous.

Les biologistes du XIXe siècle étaient donc déjà conscients de la présence ubiquitaire des micro-organismes, en particulier chez l'Homme. Des modèles expérimentaux ont permis ensuite d'établir le lien entre un germe spécifique et une maladie. C'est ce que fit Robert Koch en démontrant le rôle des bacilles de la tuberculose, du charbon et du choléra à la fin du XIXe siècle. Contemporain de Pasteur, le médecin allemand a beaucoup contribué à l'affirmation de la théorie microbienne (ou théorie du germe, de Pasteur) qui soutient que de nombreuses maladies infectieuses sont causées par des micro-organismes. Démontrer cela n'était toutefois pas évident à l'époque. Les « anti-Pasteur » arguaient que ce n'était pas plausible puisque autant de germes avaient été observés chez les malades que chez les personnes saines. Koch a toutefois fait taire ces critiques en expliquant que seuls les germes circulant dans le sang étaient pathogènes. Cela n'est que partiellement vrai car on peut avoir une maladie bactérienne sans bactérie dans le sang, comme cela se passe pour le choléra, ainsi que Koch lui-même l'a décrit (un exemple frappant d'une théorie détruite par celui qui l'a fait naître), ou avoir des bactéries sanguines sans développer de pathologie. D'après le postulat de Koch, « un microbe est responsable d'une maladie quand on ne le trouve pas chez ceux qui ne sont pas malades, quand on le trouve toujours chez ceux qui ont cette maladie et quand, si on le présente – isolé – à un animal ou à un homme, celui-ci va développer la maladie ». Or le choléra qui ne se retrouve jamais dans le sang mais reste dans les intestins ne répondait pas à sa propre définition. Même les théories les plus indispensables à un moment deviennent caduques et ne peuvent pas tout expliquer… Quoi qu'il en soit, une fois bien établie, la théorie du germe a permis l'essor de l'hygiénisme. Le chirurgien anglais Joseph Lister a en particulier développé l'antisepsie des plaies et la stérilisation des instruments médicaux pour empêcher la contamination.

C'est à cette époque également qu'Élie Metchnikoff, un prix Nobel d'origine russe travaillant à l'Institut Pasteur (qui aurait inspiré le personnage du professeur Parapine dans le *Voyage au bout de la nuit* de Céline), a démontré que les hommes n'étaient pas tous égaux devant une même bactérie. Tandis que Pasteur affirmait que c'est le germe qui provoque la maladie, Metchnikoff soutenait que « c'est l'hôte qui fait tout ». On sait aujourd'hui que les deux affirmations sont vraies. Pour expérimenter la thèse qu'il soutenait, Élie Metchnikoff a fait une expérience tout à fait spectaculaire. Il a fait boire à ses techniciens une culture du choléra, pour voir lesquels allaient développer la maladie (la notion d'éthique au début du XXe siècle n'était pas la même qu'aujourd'hui !). Seul l'un d'entre eux a souffert de diarrhées. Or cette personne prenait des pansements digestifs anti-acidité à cause d'un ulcère. Le bactériologiste russe a considéré que l'acidité gastrique tuait le germe du choléra et que seuls les gens qui avaient un terrain particulier, peut-être lié au microbiote, développaient la maladie, ce qui est vrai.

L'autre contribution de Metchnikoff est d'avoir promu l'usage des probiotiques (des bactéries présentes dans les yaourts) pour lutter contre la diarrhée, en s'appuyant sur son observation de la forte consommation de yaourts chez des populations bulgares qui avaient une très bonne constitution.

Ces deux exemples démontrent le rôle de notre flore intestinale pour notre santé. Certaines bactéries, apportées par l'alimentation ou déjà présentes dans notre intestin, peuvent être bénéfiques.

Un des rôles de notre écosystème est de nous défendre contre les bactéries et les virus étrangers. Une de ses stratégies est la production d'antibiotiques pour supprimer les bactéries indésirables. Les antibiotiques dont on dispose en médecine ont d'ailleurs été dérivés des champignons et des bactéries. Même sans prendre des antibiotiques prescrits par votre médecin, vous en avez dans votre corps, là où vivent les bactéries, dans le nez, les oreilles, sur la peau et bien sûr dans l'intestin.

Notre corps tout entier est infecté par des virus

Des milliards de virus se retrouvent également partout dans notre organisme. Cette découverte est relativement récente. Il y a trente ans, les scientifiques ont constaté la présence de virus pathogènes dans le sang, à l'instar des virus de l'hépatite B et du sida, chez des personnes non malades (appelées aussi porteurs sains) mais capables d'infecter d'autres personnes. C'est à ce moment-là qu'a éclaté le scandale du sang contaminé. Depuis, l'établissement français du sang teste la présence de virus dangereux dans les poches de sang prélevées afin d'éliminer tout risque de transmission. Or ces analyses ont révélé que tout le monde avait des virus dans le sang ! Il s'agit non pas de virus pathogènes mais de virus apparemment bénins. Les virus « Torque teno » (TTV) sont les plus fréquemment retrouvés. Même s'ils n'ont jamais été liés à des maladies, nous ne savons pas s'ils peuvent avoir un effet bénéfique ou néfaste à long terme. Il est donc impossible de garantir l'innocuité totale des transfusions sanguines. Cet acte doit être réservé à des cas de nécessité vitale. Les virus, locataires de notre corps, se trouvent principalement à l'intérieur des bactéries, où ils peuvent se nourrir facilement, ou dans les cellules de la paroi des vaisseaux sanguins. Ils sont en réalité partout ! Une de nos équipes à Marseille a en effet réussi à identifier des virus TTV dans tous les organes humains, en particulier dans le cœur.

Greffes fécales et autres bienfaits de notre microbiote

À quoi servent les microbes de notre écosystème ? C'est une question très récurrente à laquelle on ne sait malheureusement pas bien répondre, à quelques exceptions près. Parmi les choses établies, de mon point de vue, il y a le rôle de certaines bactéries dans la croissance et la prise de poids, comme souligné plus haut, et la fonction de défense contre les pathogènes extérieurs, connue depuis Metchnikoff. Cette propriété immunitaire est exploitée aujourd'hui lors de la réalisation de greffes fécales pour lutter contre certaines maladies infectieuses. Dans le cadre de cette procédure, les médecins prélèvent chez une personne en bonne santé des matières fécales (contenant un échantillon de flore intestinale « saine ») puis les transplantent dans l'intestin d'une personne malade, ce qui conduit à sa guérison. Le mécanisme précis n'est pas connu, mais on pense que le microbiote sain permet de reconstituer l'écosystème malade du patient afin qu'il se débarrasse lui-même des éléments pathogènes à l'origine de l'infection.

Différentes techniques de greffe fécale ont été testées avec succès chez des patients souffrant de colites, des inflammations du côlon parfois mortelles chez les sujets âgés, causées par la bactérie *Clostridium difficile,* fréquente dans les hôpitaux. À Marseille, l'équipe de Bernard La Scola a montré qu'un autre type de *Clostridium* donne également une colite mais chez les nouveau-nés prématurés. Ces deux maladies sont causées par un déséquilibre de la flore intestinale chez des personnes qui ont reçu des antibiotiques, et par la présence de cette bactérie toxique, souvent en milieu hospitalier. Les greffes fécales représentent un traitement miraculeux pour ces affections. Les patients âgés chez qui elles ont été testées guérissent en vingt-quatre heures ! Nous ne savons toutefois pas quels sont les micro-organismes présents dans les matières fécales qui permettent l'élimination de *Clostridium difficile.* Il se peut que plusieurs microbes agissent de concert, ce qui confirme le rôle de l'écosystème personnel pris dans son ensemble.

Les individus sont inégaux devant le risque de maladies infectieuses, affirmait déjà Metchnikoff. Cette assertion est également vraie à l'échelle de notre microbiote. Certaines bactéries nous protègent manifestement contre des bactéries pathogènes et des virus tandis que d'autres sont neutres.

La métagénomique : une porte ouverte sur l'inconnu

Si l'utilisation du microscope électronique nous a permis d'apercevoir le nombre époustouflant de virus que nous hébergeons dans notre corps, les études métagénomiques, qui permettent d'observer les molécules d'ADN, ouvrent aujourd'hui une nouvelle porte. L'analyse de l'ADN des bactéries du microbiote humain, par exemple, révèle que 90 % d'entre elles nous sont inconnues !

Grâce à ces technologies moléculaires, énormément de virus ont été mis au jour, dont une grande part n'a pu être identifiée. Les expéditions de l'initiative française Tara Océans ont par ailleurs accompli un énorme travail en raclant le fond des océans pendant trois ans pour prélever des micro-organismes de toutes tailles présents dans le plancton. Les scientifiques y ont trouvé certains virus connus mais aussi des séquences d'ADN totalement nouvelles. Il n'est même pas sûr qu'il s'agisse de virus. Grâce à la métagénomique, on se rend compte que l'écosystème environnant est encore plus complexe qu'on ne l'imaginait. Les prélèvements réalisés dans l'environnement montrent que les cellules eucaryotes (en l'occurrence champignons, algues, vers et arthropodes) représentent 2 à 3 % du total, les archées 2 à 3 %, les bactéries 15 à 20 % et les virus connus 20 à 30 %. Tout le reste, soit plus de la moitié des séquences génomiques, nous est complètement étranger ! Cela incite à la modestie.

Maladies inexpliquées : la médecine encore ignorante

L'Homme a tendance à vouloir tout rationnaliser. Cela conduit souvent à une simplification à outrance et à une réduction binaire d'un problème. Or l'idée d'écosystème est totalement hostile à cette réduction. Beaucoup de gens pensent à tort que les choses sont simples, par exemple qu'une maladie est la conséquence d'un unique facteur, ce qui est très rare.

Certaines choses sont très bien établies scientifiquement mais d'autres ne sont pas compréhensibles, y compris en matière de santé. Un exemple m'irrite beaucoup. J'ai toujours considéré comme une évidence absolue que l'astrologie était une chose idiote. Pourtant, cette année ont été publiées les premières études qui montrent que la sensibilité à certaines maladies serait dépendante du mois de naissance ! Il semble que ce serait surtout lié à la saison car l'association est inversée dans l'hémisphère Sud. L'astrologie, qui paraît si peu scientifique, refléterait donc une part de la réalité. Celle-ci est toujours plus complexe que l'on veut le voir.

En science tout particulièrement, il faut être conscient de son ignorance et rester modeste vis-à-vis des choses qu'on ne connaît pas. Face à des maladies inexpliquées, les patients sont toujours avides d'interprétations mais il arrive qu'il n'y ait pas d'explication dans l'état actuel des connaissances. Certains médecins ne l'acceptent pas et disent à leur patient que leur maladie est psychologique. C'est désagréable à entendre pour des gens qui souffrent. Je préfère dire à mes patients que je ne connais pas leur maladie, qu'elle fait partie des lacunes de nos connaissances, et qu'elle sera peut-être éclaircie demain. Par ailleurs, je reçois beaucoup de personnes qui se plaignent d'un mal inexpliqué et qui pensent à tort qu'il s'agit de la maladie de Lyme[1]. Or, comme je refuse de confirmer ce diagnostic et de leur donner les antibiotiques qu'ils

1. La maladie de Lyme est une maladie infectieuse causée par une bactérie du genre *Borellia* et transmise par les piqûres de tiques. Bénigne dans la plupart des cas, elle peut conduire à des atteintes neurologiques et des douleurs articulaires.

réclament, je me fais parfois insulter ! J'ai beau leur dire qu'il s'agit en l'occurrence d'un mal non identifié, ils attendent que je les sauve. Malheureusement, les médecins ne sont pas des dieux !

Tout le monde est dans une situation d'ignorance face à ces maladies inconnues. Ni les médecins traditionnels, ni les homéopathes, ni les acupuncteurs ne savent mieux que les autres. Toutefois, si certaines thérapies alternatives peuvent soulager les patients, c'est tant mieux !

– 5 –

LES ÊTRES VIVANTS COMME CHIMÈRES

Nous n'avons pas une tête de lion et une queue de serpent, mais les êtres humains ne peuvent plus se limiter à 23 paires de chromosomes. Nous sommes également constitués de cellules « étrangères » (porteuses de chromosomes étrangers) que nous acquérons tout au long de notre vie. Les femmes enceintes reçoivent ainsi des cellules de leur enfant qui sont ensuite capables de régénérer certains tissus dans le sein ou le cerveau de la mère : une vraie fontaine de jouvence ! Nous pouvons aussi accueillir des cellules étrangères au cours de transfusions sanguines ou de greffes d'organes. Certaines personnes sont même des chimères complètes c'est-à-dire qu'elles ont presque autant de cellules « personnelles » que de cellules venues de l'extéricur. C'est le cas si un des fœtus reçoit de son jumeau, à un stade très précoce de la grossesse, des cellules souches.

Chacun d'entre nous est aussi unc chimère de cellules saines et de cellules cancéreuses régulièrement détruites par notre système immunitaire. Cette découverte est à l'origine d'une révolution en cancérologie et pourrait aboutir à la mise au point d'un vaccin contre le cancer.

Et ce n'est pas tout ! Notre génome lui-même est une chimère de virus, de bactéries et de parasites. C'est-à-dire que certains de nos gènes ont une origine virale ou bactérienne. Nos ancêtres, sans doute infectés par ces microbes, auraient ainsi conservé la trace des épidémies du passé. On pense même aujourd'hui que cette intégration de gènes étrangers nous aurait protégés contre ces pathogènes. Cela soulève l'espoir de nouveaux traitements, par exemple contre le sida.

Nous recevons des cellules externes tout au long de notre vie

Dans la mythologie grecque, la chimère est un monstre fait d'un corps et d'une tête de lion, d'une deuxième tête de chèvre sur le dos et d'une queue de serpent. En biologie, la chimère désigne un être vivant constitué de cellules de natures différentes (ayant un code génétique distinct), à l'image d'une mosaïque.

L'amour d'une mère pour son fils est souvent qualifié de fusionnel. On ne pensait pas si bien dire ! Les femmes sont en réalité des chimères de leurs enfants. Les premières observations remontent à l'identification de cellules masculines chez des femmes qui avaient eu des enfants mâles. On sait aujourd'hui que des cellules, en particulier des cellules souches, peuvent passer, via le sang, du fœtus à la mère et inversement. On a en effet observé chez des hommes des cellules féminines qui proviendraient de leur mère. Les jumeaux aussi peuvent se perfuser l'un l'autre avec des cellules souches lorsqu'ils sont dans le ventre de leur mère. Là encore, s'il s'agit de jumeaux de sexes opposés, les filles se retrouvent avec des cellules masculines et réciproquement.

Or le génie de ces cellules souches, encore peu différenciées, est d'être capables de prendre la forme de leurs voisines. Si elles arrivent par exemple dans le cerveau à côté d'un neurone, elles se spécialisent à leur tour en neurones. Les chercheurs les utilisent ainsi dans la maladie de Parkinson pour régénérer les parties du cerveau endommagées. Si vous faites un infarctus du myocarde, l'injection de ces cellules souches peut reconstituer la zone abîmée de votre cœur. Ce sont des cellules à tout faire qui font rêver les scientifiques et fantasmer les tenants de la jeunesse éternelle. En clair, les femmes enceintes reçoivent une perfusion de cellules souches, considérées comme une fontaine de jouvence ! C'est d'ailleurs peut-être l'une des causes de la plus grande espérance de vie des femmes par rapport aux hommes. En particulier, une étude a montré que les femmes qui ont eu plus de six enfants avaient une espérance de vie plus grande que les femmes sans enfant. Chez les femmes, ces cellules souches ont été retrouvées majoritairement dans le sein (où elles se sont transformées en cellules du sein) et dans le cerveau (où elles se sont spécialisées en neurones). Cette régénération pourrait expliquer pourquoi les femmes ayant eu des enfants ont moins de risque de faire un cancer du sein que les autres.

Les cellules souches, clés de l'immortalité

Les cellules souches portent la clé de l'immortalité. Éric Ghigo, un de mes collaborateurs à la faculté de médecine de Marseille, l'a encore montré récemment en étudiant des animaux aux ressources inédites, les planaires. Ces vers aquatiques colorés, de quelques centimètres, intriguent la communauté scientifique depuis le XVIIIe siècle. Ils ont en effet la capacité de se régénérer. Une planaire peut être coupée en morceaux, jusqu'à 180 différents et, à partir de chacun de ces fragments, se reconstituer entièrement ! C'est le seul être vivant doté d'une telle propriété. Ce ver ne meurt jamais car il peut se renouveler sans arrêt. Son secret ? Il est constitué de 25 % de cellules souches. C'est grâce à ces dernières qu'une planaire entière peut être reconstruite à partir d'un minuscule fragment. Ces planaires peuvent donc vivre indéfiniment, puisque cette source permanente de cellules souches vient remplacer tout ce qui est défectueux. Et ce n'est pas tout ! Même le cerveau du ver, après avoir été entièrement détruit, peut être reformé par les cellules souches, qui conservent la mémoire des expériences du ver initial. Les cellules souches mémorisent des apprentissages passés, tels que la connaissance du choix des aliments et la reconnaissance des microbes dangereux. Éric Ghigo a ainsi montré que la réponse immunitaire aux staphylocoques était entrée dans la mémoire des cellules souches. La résistance à ces bactéries a été transmise à chaque fragment du ver sectionné et donc à ses clones. On ne pensait pas que cette information soit transmissible. Ce phénomène est proche de l'acquisition de connaissances avec transfert vertical à la descendance décrit par le grand naturaliste français du début du XIXe siècle Jean-Baptiste de Lamarck. Une nouvelle protéine, appelée MORN et associée à la résistance aux microbes, a ensuite été identifiée chez cet invertébré. Or le gène codant pour cette protéine existe aussi chez les humains. Les travaux sur ce ver ont donc permis de trouver un nouveau gène associé à la protection immunitaire chez l'Homme. Il appartient à un système inconnu. Cette découverte a une origine analogue à celle du mécanisme d'immunité inné qu'on doit au prix Nobel français Jules Hoffman. Grâce aux planaires, des pistes sérieuses s'ouvrent vers la régénérescence de nos tissus et cellules et le maintien de nos fonctions malgré le vieillissement et sur un domaine de recherche mythique : celui de l'immortalité.

Les patiens transplantés et parfois transfusés sont aussi des chimères modernes. Même si les cellules souches ne sont pas très nombreuses dans le sang, il peut arriver qu'elles se retrouvent dans une poche de transfusion et soient ainsi transmises au receveur. Ensuite, cette cellule souche peut s'implanter et se fondre dans la foule des cellules d'un organe de son hôte, devenu ainsi une chimère humaine. L'exemple de la greffe est le plus simple à comprendre : si vous recevez un rein étranger, vous devenez une chimère, un être constitué à la fois de vos propres cellules et de celles d'une autre personne avec un patrimoine génétique distinct.

En octobre 2015, une nouvelle sensationnelle a fait la une des journaux. Un bébé américain est né avec l'ADN de son oncle... qui n'a jamais existé.

Explication. En 2014, un couple donne naissance à un petit garçon puis découvre qu'il est du groupe sanguin AB. Impossible puisque ses deux parents sont du groupe A. Un test ADN confirme que le nouveau-né n'est pas le fils de son père. L'hypothèse d'un adultère est écartée car le couple a recouru à une insémination artificielle. Les parents se tournent donc vers la clinique qui a procédé à cette insémination mais les médecins sont formels : il n'y a pas eu d'erreur dans le choix des échantillons de sperme. Le problème est alors soumis à des généticiens de l'université de Stanford qui procèdent au séquençage du génome de l'enfant. Le résultat, surprenant, laisse à penser que le bébé est le fils de son oncle. Seul hic : le père de l'enfant n'a jamais eu de frère ! Seule explication possible pour les chercheurs : le père du bébé est une chimère humaine. L'hypothèse la plus probable est que cet homme avait un frère jumeau dans le ventre de sa mère, qu'il a absorbé alors qu'ils étaient encore de jeunes embryons. Ce faisant, il a intégré ses gènes qui se sont retrouvés dans certaines de ses cellules et dans une part de ses spermatozoïdes. L'un d'eux a donné naissance à l'enfant.

Cette histoire n'est pas unique. En 2002, une femme avait appris que deux de ses fils n'étaient pas génétiquement ses enfants, mais ceux d'une sœur jumelle qui n'avait jamais vu le jour… On estime maintenant que 8 à 10 % des grossesses sont au départ gémellaires (et il reste 1 à 2 % de jumeaux), donc il y a beaucoup d'avortements spontanés de jumeaux et donc potentiellement de chimères complexes.

Le cancer : une chimère combattue par nos cellules

Les cellules cancéreuses sont des chimères par définition. Ces cellules, à l'origine « normales », deviennent « folles » en se multipliant de façon anarchique dans notre corps. Cette transformation résulte d'une modification de leur code génétique à la suite d'une accumulation de mutations délétères causées par des virus, des substances toxiques ou encore des radiations, cela étant réglé par des ARNi (petits ARN « interférents » qui peuvent inhiber l'expression des gènes). Ces cellules « mutantes » ne sont plus de la même nature que leurs voisines non cancéreuses, d'où la notion de chimérisme.

Contrairement à ce que l'on a longtemps pensé, le cancer n'est pas un événement rare. En fait, nous passons notre vie à produire des cellules cancéreuses ! Avoir découvert ça représente une grande avancée scientifique. Toutefois, cela ne veut pas dire que nous développons systématiquement des cancers car notre système immunitaire se charge de contrôler la prolifération et d'éliminer ces cellules tumorales, tout comme il le fait avec d'autres organismes étrangers (bactéries pathogènes, virus, etc.). Chez une personne en bonne santé, le rapport de force entre l'immunité et les cellules cancéreuses est donc équilibré.

Le traitement immunitaire du cancer : une vraie révolution

Les scientifiques soupçonnaient déjà ce lien entre immunité et cancer mais il a fallu un changement de paradigme, une autre façon de penser, pour faire évoluer le cadre théorique. Ainsi, on s'est penché sur le fait qu'une des thérapies proposées de longue date pour le cancer de la vessie est un renforcement immunitaire avec le vaccin du BCG. Ce dernier déclenche une réaction immunitaire qui aide le patient à se débarrasser de la tumeur. En outre, les médecins ont constaté depuis longtemps que les personnes ayant une immunité faible avaient un risque accru de développer un cancer, à l'instar des malades du sida ou des personnes transplantées qui reçoivent un traitement immunosuppresseur pour éviter le rejet de la greffe. Cela prouve qu'un système immunitaire affaibli fait le jeu du cancer car le corps n'a plus de moyens de défense.

L'immunothérapie du cancer remonte aux années 1930

Le premier exemple d'immunothérapie du cancer remonte en réalité au début du XXe siècle, même si le traitement a ensuite été abandonné. En 1924, William Coley, cancérologue américain, observe le cas d'un patient qui souffre à la fois d'un cancer des os et des muscles gravissime, le sarcome, et d'une infection, la scarlatine. À la fin de son épisode infectieux, le malade guérit de son sarcome, sans traitement spécifique, et ne rechute plus jamais. Le médecin en déduit que l'infection par le streptocoque, la bactérie de la scarlatine, est à l'origine de la destruction des cellules cancéreuses, soit par un mécanisme direct, soit par une stimulation de l'immunité du patient. Le cancérologue s'est alors mis à « vacciner » des patients atteints d'un sarcome avec des streptocoques. Ses résultats – une survie sans rechute de 50 % à dix ans

– étaient bien supérieurs à la performance que nous obtenons actuellement dans le traitement de ces sarcomes (38 %). Testé contre d'autres cancers, le vaccin a donné des résultats satisfaisants bien que moins spectaculaires. Pourtant cette stratégie originale a été oubliée et remplacée par des protocoles agressifs et coûteux (chimiothérapie, radiothérapie et chirurgie). C'est seulement en 2005 qu'a été relancée l'idée de la fabrication d'un tel vaccin. Mais les normes de sécurité exigées aujourd'hui pour injecter une bactérie, même morte, demandent des millions voire des milliards d'euros d'investissements. Trop onéreux, ce vaccin contre le cancer ne sera donc malheureusement pas commercialisé. Par ailleurs, un travail récent chez la souris a permis la guérison d'un cancer du foie par l'ingestion d'un mélange de bactéries.

L'immunothérapie du cancer est néanmoins devenue le sujet le plus à la mode de toute la cancérologie. Un traitement révolutionnaire du mélanome, un cancer de la peau très souvent mortel, a été développé. Cette pathologie survient à cause de la présence d'une molécule qui empêche les cellules immunitaires de détruire les cellules cancéreuses. L'idée des chercheurs a été d'injecter un anticorps pour immobiliser cette molécule et rétablir la capacité du système immunitaire à détruire le cancer. Cette thérapie très récente a transformé le pronostic du mélanome, auparavant considéré comme intraitable. De façon intéressante, l'efficacité de cet anticorps est modulée par la nature du microbiote, d'après une étude de Laurence Zitvogel à laquelle nous avons pu participer. Certaines personnes réagissent plus ou moins bien à ce traitement et les médecins essayent de comprendre pourquoi.

Le rôle de l'immunité explique l'ambiguïté du lien entre le mélanome et le soleil. De fait ce cancer de la peau apparaît chez les gens à peau claire très exposés au soleil. Or, paradoxalement, parmi les patients cancéreux, ceux qui ont pris plus de soleil durant leur vie présentent un cancer moins sévère que ceux qui ont subi de rares mais forts coups de soleil. L'hypothèse plausible suggère que les personnes ayant été plus exposées au soleil ont développé une meilleure immunité contre le cancer, car elles ont dû faire face à l'éclosion de nombreuses cellules cancéreuses au cours de leur vie. Leur cancer en partie contrôlé serait donc moins grave que celui des patients moins exposés au soleil, mais de façon très forte.

Cette nouvelle connaissance devrait amener à modifier certains traitements. Ces dernières années, les cancérologues ont pris l'habitude d'éliminer la prostate des patients à partir du moment où quelques cellules cancéreuses étaient détectées. Or cette opération a des conséquences handicapantes pour les patients (impuissance, troubles urinaires, etc.) et leur qualité de vie. Ces interventions ne semblent pas nécessaires dans la plupart des cas, maintenant que l'on sait que certains patients exercent un contrôle naturel sur leur cancer. Bien sûr cela nécessite une surveillance médicale régulière, mais il faut se sortir de la tête l'idée que le cancer c'est tout ou rien. Tout le monde a des cellules cancéreuses, mais le système immunitaire les endigue. Il reste à comprendre pourquoi à un moment donné le cancer l'emporte sur l'organisme.

À quand un vaccin contre le cancer ?

Il faudra sans doute attendre quelques années mais c'est l'objectif de plusieurs programmes de recherche. L'idée consiste à prélever des cellules immunitaires dans le sang du patient, les immuniser contre les cellules cancéreuses du même patient et les lui réinjecter pour qu'elles combattent le cancer. Le principe du vaccin est similaire puisqu'il s'agit d'administrer un fragment non toxique d'un pathogène afin d'inciter le corps à développer des armes immunitaires contre ce dernier, en prévision d'une infection ultérieure.

Le traitement immunitaire du cancer est la meilleure nouvelle depuis trente ans pour la prise en charge de cette maladie. La notion de chimérisme a été essentielle à ce nouveau cadre de pensée. Sans la conscience de la bataille permanente de notre corps contre les cellules étrangères, il est difficile d'admettre que l'immunité soit la meilleure arme contre le cancer. La réflexion sur le cancer est à un tournant extrêmement important. Cette découverte alerte notamment sur le danger de certaines thérapeutiques actuelles qui entraînent une immunodépression chez les patients, ce qui favoriserait un renforcement du cancer, à l'opposé du but visé.

Nos gènes, chimères de virus et de bactéries

Nous venons de voir que les hommes et les femmes pouvaient être des chimères. Or nos cellules et notre génome sont eux-mêmes aussi des chimères. De fait, nos cellules intègrent fréquemment des séquences de bactéries, de parasites ou de virus. Une étude a ainsi montré que les cellules de la paroi de l'intestin contiennent souvent des gènes de bactéries de la flore intestinale. Cela signifie que ces cellules sont devenues chimères après avoir sans doute absorbé ces bactéries : une forme de cannibalisme.

On sait par ailleurs que beaucoup de gènes de virus s'intègrent dans le génome des êtres humains, formant des chromosomes mixtes homme/virus. Le virus HHV6, par exemple, qui est à l'origine d'une maladie proche de l'herpès, en donne une illustration spectaculaire. Dans un certain nombre de cas, ce virus intègre les cellules germinales de la femme (les ovules qui servent à la reproduction sexuelle), qui peut alors transmettre non pas le virus lui-même mais certains gènes de ce virus à ses descendants. Alors que d'habitude, un enfant reçoit les gènes de ses parents et grands-parents, l'enfant, ici, aurait eu en quelque sorte un grand-père virus ! Il serait une chimère complète puisque toutes ses cellules contiendraient une part du patrimoine génétique de HHV6. Ce phénomène n'est pas une exception. Des virus s'intègrent en permanence dans les génomes humains et animaux. En fonction de l'endroit où les séquences s'incorporent et d'autres facteurs, les conséquences seront plus ou moins perceptibles.

Au Brésil, la maladie de Chagas est une infection médiée par un petit ver parasite, le trypanosome. Or chez un certain nombre de personnes, ce ver s'intègre dans les cellules et ses gènes sont incorporés au génome humain. Il peut potentiellement être transmis à la descendance par des ovules chimères de femmes infectées. Certains enfants ont donc un parasite pour ancêtre proche !

L'assimilation de gènes viraux s'est déjà produite dans le passé. Ce serait même grâce à la fusion avec un virus que l'Homme se serait différencié des grands singes au cours de l'évolution ! Il s'agit d'un rétrovirus, comme celui du sida. Les rétrovirus ont en effet la propriété d'intégrer leur patrimoine génétique dans les chromosomes de la cellule hôte (en théorie pour pouvoir se reproduire plus facilement). Les chercheurs n'ont pas encore élucidé la fonction de ces gènes viraux ni par quel mécanisme ils ont pu permettre à l'espèce humaine de s'éloigner de ses cousins primates. La seule chose connue, et cela vient d'être publié, c'est que ces gènes d'origine virale présents dans les cellules humaines s'expriment uniquement durant l'embryogenèse (la formation de l'embryon à partir de l'œuf fécondé) et restent ensuite silencieux. Ils ont donc certainement une fonction cruciale dans une étape précoce du développement.

Des chercheurs ont découvert qu'il y a 40 millions d'années, un autre rétrovirus assimilé par l'un de nos ancêtres primates a permis la formation du placenta, un organe essentiel à la reproduction. Il est fascinant de penser que sans ce virus, nous n'aurions peut-être pas développé de placenta. Des chercheurs ont montré qu'au total 8 % de notre ADN avait une origine virale !

Ce chimérisme avec des virus concerne tous les vertébrés. En remontant encore plus loin, les cellules eucaryotes, qui sont les constituants élémentaires de tous les êtres vivants pluricellulaires, tels que l'Homme, sont déjà des chimères de bactéries. En effet les mitochondries, de petites organelles[1] au sein des cellules qui permettent à celles-ci de respirer l'énergie, sont en réalité d'anciennes bactéries qui ont été absorbées par les cellules il y a environ 800 millions d'années. De même certains gènes codant pour le noyau des cellules eucaryotes (qui renferment le matériel génétique) sont d'origine virale ou bactérienne. Les cellules de plantes sont aussi des chimères. Leurs chloroplastes, des organelles qui permettent d'absorber la chlorophylle, viennent de bactéries ancestrales (de la famille des cyanobactéries).

La bactérie *Wolbachia* met l'arbre de Darwin à terre

Une autre découverte, due comme souvent au hasard, a bouleversé notre vision de l'évolution. Tout a commencé par le séquençage d'un ver qui donne une parasitose chez l'homme (la filariose). Il abrite une bactérie (appelée *Wolbachia*) qui vit en symbiose avec lui. Le résultat du séquençage indiquait que des séquences génétiques du ver étaient mélangées avec celles de la bactérie. Au départ, les biologistes ont pensé que *Wolbachia* avait contaminé le prélèvement d'ADN, mais plus tard, ils se sont rendu compte qu'en réalité la plupart des gènes de la bactérie étaient entrés dans le génome du ver. Des travaux ultérieurs ont démontré qu'il s'était

1. Structures spécialisées présentes dans une cellule et délimitées par une membrane.

produit la même chose chez des araignées et des insectes infectés également par *Wolbachia*. On estime que cette chimérisation a débuté entre moins 500 000 ans et un million d'années. L'arbre de Darwin n'est plus du tout adapté pour représenter la généalogie de ces organismes. Certains vers, par le truchement de *Wolbachia*, sont devenus les cousins germains des araignées, alors que ces deux familles s'étaient séparées 500 millions d'années plus tôt ! Avant cette découverte, il y a moins de dix ans, les biologistes ne pensaient pas que le chimérisme était aussi commun.

Pour résumer, l'Homme doit être pensé comme écosystème et comme chimère. Vous croyez être constitué uniquement de cellules humaines mais au cœur de ces cellules vous abritez 100 fois plus de bactéries et 1 000 fois plus de virus. Dans vos cellules au moins 8 % de gènes sont d'origine virale et puis il y a les cellules cancéreuses qui vous envahissent et doivent être contrôlées par le système immunitaire... En réalité l'Homme est un champ de bataille permanent, et l'idée d'unicité de notre organisme est fausse. Accepter que l'Homme soit une chimère, c'est aussi se détacher du préjugé culturel selon lequel chaque individu est un être vivant entier et unique. L'Homme n'est pas un être cohérent ni stable (il change perpétuellement). Ni physiquement, ni intellectuellement d'ailleurs.

Certes tout cela peut paraître compliqué au lecteur, mais il doit savoir que ces découvertes peuvent aboutir à de belles avancées dans le domaine de la médecine. On a déjà vu qu'elles pouvaient permettre d'apporter de nouveaux traitements contre le cancer. Il en est de même pour le sida.

Sida : les immenses promesses du chimérisme

Le chimérisme serait en réalité au cœur du fonctionnement de notre système immunitaire et servirait à nous protéger contre des parasites nocifs. C'est une découverte très récente de la science qui nous le révèle et qui va révolutionner la médecine de demain.

Nos organismes possèdent trois manières de lutter contre les parasites. La première, c'est l'immunité traditionnelle : des cellules produisent des anticorps pour détruire les corps étrangers ; la deuxième c'est la protection par le microbiote contre les microbes externes ; la troisième c'est l'intégration des gènes de l'ennemi afin de le paralyser. Cette dernière stratégie est analogue au concept de « cannibalisme », au sens où l'entend Claude Lévi-Strauss. Dans son ouvrage de référence *Tristes Tropiques*[1], le célèbre anthropologue affirmc que les sociétés humaines ont deux manières de combattre leurs ennemis, l'ostracisation ou l'exil d'une part, l'ingestion cannibale (en mangeant l'adversaire on assimile sa force et son esprit) d'autre part. L'immunité fonctionne de façon similaire, soit par élimination grâce aux anticorps, soit par ingestion (« cannibalisme ») des pathogènes par les cellules ou par l'intégration de leurs gènes dans le génome.

Cette dernière ligne de défense a été identifiée au XXIe siècle chez des bactéries. Certains pensent que cette

1. Claude Lévi-Strauss, *Tristes Tropiques*, Plon, 1955.

forme de chimérisme représenterait le premier niveau de résistance inventé par un organisme vivant au cours de l'évolution. Comment fonctionne-t-il ? Lorsqu'un virus pénètre dans une bactérie, une partie de ses gènes est incorporée au génome bactérien aux côtés de gènes particuliers (CRISPR) qui fonctionnent comme des ciseaux moléculaires. Lorsqu'un virus de même genre se présente, il vient se coller sur cette séquence jumelle qui agit comme un appât, cela active les gènes CRISPR qui vont couper le génome viral. Le piège se referme sur la proie. Ce virus ne pourra plus infecter ces bactéries chimériques. Contre toute attente, ce mécanisme d'intégration des gènes de parasites semble assez généralisé. C'est le cannibalisme rituel, qui ingère l'ennemi pour le combattre. Nous avons identifié récemment le même mécanisme chez les virus géants pour la première fois.

Par ailleurs, environ 8 % du génome de l'Homme est constitué de rétrovirus très anciens. On peut imaginer que l'assimilation de ces séquences virales a été faite dans le but de se protéger de ces rétrovirus. Même si certains ont également eu d'autres conséquences inattendues. Les deux exemples les plus connus et déjà cités plus hauts sont le rétrovirus codant pour une protéine essentielle à la formation du placenta (très proche d'une protéine du virus du sida) et celui qui distingue l'Homme des grands singes et sert à la formation de l'embryon humain.

Or, si l'Homme a intégré des gènes de virus dans le passé, on peut imaginer que cela se reproduise. Il est même vraisemblable que cela se passe aujourd'hui pour le virus du sida, ce qui ouvrirait des perspectives thérapeutiques révolutionnaires pour ce tueur du XXIe siècle.

C'est en tout cas le mécanisme observé chez une population de koalas infectée par le sida du koala, une épidémie évoluant depuis cent ans et proche de la maladie humaine. Des chercheurs ont démontré qu'un groupe de koalas étaient devenus résistants en intégrant des gènes du virus dans leur génome et en les neutralisant, et avaient ensuite transmis l'ADN à leurs descendants, créant une sous-population immunisée contre le virus.

Ces résultats m'ont amené à proposer une théorie selon laquelle le même processus serait à l'œuvre chez les humains. Une équipe de notre laboratoire à Marseille tente actuellement de le démontrer. Un patient sur 1 000 infectés par le sida guérit en effet spontanément. Un de nos patients à l'hôpital de la Timone à Marseille, infecté par le virus du sida (VIH) depuis trente et un ans, n'est ainsi jamais tombé malade. Aucun virus vivant n'a jamais été détecté dans son sang, seulement des virus dégradés. Contrairement à d'autres scientifiques, je n'ai pas peur d'affirmer que ce patient est guéri du sida. Je ne vois pas pourquoi il deviendrait malade dans les prochaines années. Or les « miraculés » de ce genre conservent l'ADN du virus dans certaines de leurs cellules. Nous soutenons l'hypothèse que ce chimérisme partiel les protège du sida en neutralisant le virus par le même mécanisme qui a été observé chez les bactéries et les koalas. Dans un certain nombre de cas, des femmes ainsi guéries spontanément auraient pu transmettre des gènes du virus à leur enfant, sans transmettre l'infection. Un tel enfant posséderait des gènes du virus du sida dans toutes ses cellules (ce serait une chimère complète) sans avoir jamais été infecté ! Et il serait immunisé à vie contre le sida. Si ces faits sont validés, cela confirmera que le sida est une maladie rétrovirale « banale » et qu'il est possible de s'immuniser contre lui. Il a déjà été constaté que les virus pouvaient s'intégrer au génome, comme dans le cas du virus humain de l'herpès 6 (HHV6), dont l'exemple a été cité plus haut.

Nous sommes à l'aube de découvertes exceptionnelles. Si nous parvenons à démontrer que des hommes guérissent spontanément du sida par intégration et neutralisation des séquences du virus qu'ils transmettent ensuite à leurs enfants, ce sera une grande nouvelle ! De fait, les scientifiques n'ont toujours pas trouvé de vaccin contre le sida et je doute qu'ils y parviennent un jour. À mon sens, il y a peu de chances que des stratégies vaccinales traditionnelles se révèlent efficaces. Ces stratégies sont en effet supposées stimuler nos défenses immunitaires contre les agents viraux en leur apprenant à reconnaître ces agents. Or, selon notre hypothèse, le système de défense contre le virus du sida consiste à intégrer les gènes du virus. Donc la stratégie traditionnelle ne peut pas fonctionner. En revanche, quand on aura identifié chez les hommes ceux qui résistent au sida et qui auront donc intégré et neutralisé les gènes du virus dans toutes leurs cellules, on pourra les analyser génétiquement et identifier la nature des enzymes qui neutralisent le virus. On aura alors de vraies propositions à faire tant sur le plan thérapeutique que sur celui de la prévention. Je crois que la médecine a plus de chances de réussir en imitant ce que la Nature sait déjà faire.

Nous sommes encore au début de la réflexion sur la résistance des organismes par l'intégration du génome ennemi. À plus long terme, l'objectif serait de concevoir un « vaccin » visant à injecter des gènes de virus dans le génome humain pour rendre l'Homme résistant à toutes sortes d'infections. Nous deviendrions en quelque sorte des hommes génétiquement modifiés. Je ne doute pas que l'on y parvienne d'ici quelques décennies. L'acceptation du chimérisme naturel amènera la société à s'interroger sur les bénéfices d'un chimérisme dirigé pour se protéger des virus. C'est une question clé : est-ce que les hommes accepteront de devenir des organismes génétiquement modifiés (OGM) pour résister aux microbes ?

Cette découverte remet aussi en cause notre vision de l'évolution. Il est probable que les espèces vivantes, y compris humaines, aient été surtout triées non pas par la sélection naturelle, mais par les épidémies. Un virus aurait tué à chaque fois une part très grande de la population en épargnant non pas les meilleurs, mais seulement quelques individus protégés par chance par l'intégration de gènes du parasite dans leur génome et devenus résistants. Après un tel goulot d'étranglement, les survivants reconstituent vite une population très large. L'évolution, rappelons-le, n'est pas lente et graduelle telle que la décrivait Darwin, mais elle procède aussi par bonds lors de catastrophes. Les gènes d'origine virale dans notre génome sont certainement une trace de la survie de nos ancêtres à des catastrophes épidémiques anciennes. Le « cannibalisme » de l'ADN viral inactivé protège contre ces virus. Si nous n'avions pas découvert les antirétroviraux pour contrôler le VIH, la pandémie de sida aurait pu atteindre la population entière et je spécule que les seuls survivants auraient été ceux qui, ayant intégré une séquence d'ADN du virus, auraient été protégés contre l'infection. Ils auraient été à l'origine d'une nouvelle population résistante au virus, chimère d'homme et de VIH, tout comme cela a été observé dans la population de koalas citée plus haut devenue résistante à un virus proche du sida par intégration (« cannibalisme ») de l'ADN inactivé du virus dans leur génome.

*
* *

La (re)découverte des notions d'écosystème et de chimérisme en médecine recèle des enjeux extraordinaires. C'est le cas de l'espoir soulevé par les greffes fécales pour soigner des inflammations de l'intestin. Ce sont aussi les nouvelles pistes thérapeutiques pour le cancer, qui s'appuient sur une autre vision de cette pathologie vue désormais comme un affaiblissement du système immunitaire. Et enfin le projet plus lointain, mais majeur, de vaccins avec l'intégration de séquences des pathogènes dans notre génome pour les neutraliser. On est sur le front de la science !

– 6 –

LE RÔLE DE L'ENVIRONNEMENT

L'environnement influe considérablement sur notre avenir et celui de nos descendants. Des modifications du milieu de vie déterminent la morphologie et le comportement de certains animaux mais aussi de l'Homme, et tout cela est susceptible d'être transmis. L'épidémie d'obésité actuelle ne peut pas s'expliquer uniquement par la génétique, elle reflète aussi les effets de l'environnement et des habitudes de vie. On a également constaté que des rats stressés transmettent un comportement craintif à leurs descendants sur trois générations, et cela n'est pas expliqué par la génétique traditionnelle. Qu'en est-il de nos contemporains qui ne peuvent plus vivre autrement que sous antidépresseurs ?

Dès l'origine de la vie, lors du développement de l'embryon, le milieu environnant joue un rôle déterminant dans la spécialisation de nos cellules. À de rares exceptions près, elles contiennent toutes le même patrimoine génétique hérité de nos géniteurs. Pourtant entre une cellule cardiaque et un neurone, il y a beaucoup de dissemblances ! Chaque cellule active de fait un bouquet unique de gènes en fonction de son activité et de l'environnement.

Enfin, les observations récentes sur l'expression des gènes au cœur de nos cellules bousculent la théorie établie. Un gène peut coder non pas une seule protéine mais plusieurs, dotées de fonctions variables.

Tout n'est pas orchestré par la génétique, loin s'en faut !

Les hommes, comme tant d'autres espèces, sont largement influencés par leur environnement. L'origine de certains changements liés à notre société n'est pas encore bien comprise, mais assurément ces nouveaux caractères se transmettent sur plusieurs générations et jouent un rôle dans l'évolution.

La taille des hommes a augmenté de quinze centimètres en un siècle, c'est colossal ! Ce n'est évidemment pas lié à la génétique puisque ce ne sont pas les plus grands qui se sont reproduits entre eux. C'est l'environnement qui est en jeu, même si nous ne comprenons pas comment. Et ce phénomène continue. Quand j'étais jeune, je faisais partie des plus grands de ma génération. Aujourd'hui nombre de mes étudiants sont plus grands que moi, c'est un changement considérable ! Si vous comparez la morphologie actuelle avec celle d'il y a un siècle, elle n'a plus rien à voir. Dans les années 1990, j'avais été frappé en croisant une équipe de basketteurs américains : ils mesuraient deux mètres et pesaient près de cent vingt kilos ! Aujourd'hui les sportifs en France et en Europe leur ressemblent tous. Depuis vingt ans, nombre d'experts prédisent la fin des records du monde sportifs. Cela ne s'est bien sûr pas vérifié. Chaque année il y a une nouvelle pluie de records. Et ce n'est pas étonnant quand vous voyez les corps des sportifs de haut niveau. Le physique d'un Michel Platini dans les années 1980 détonnerait complètement dans une équipe de football actuelle. La physionomie des champions, à l'image de celle de Florent Manaudou, un géant de la natation au sens propre et figuré (1 m 99 et 99 kg) n'est pas comparable avec celle des champions d'hier ! Les judokas aussi sont devenus de vrais colosses, pesant jusqu'à cent quarante kilos... Encore une fois, ce n'est pas la génétique mais l'environnement qui influence ces transformations physiques. Nous ne savons toutefois pas ce que cela traduit. Ce qu'il est important de comprendre, c'est que tout change tout le temps, il n'y a pas de stabilité. Je ne crois pas que le monde soit fermé et prévisible.

Le poids moyen des hommes est également en augmentation puisque sévit une épidémie d'obésité mondiale. Les causes de l'obésité sont très probablement multifactorielles (génétiques, alimentaires, environnementales, sociales, etc.) et encore mal comprises. J'ai été confronté à cette pathologie, pourtant éloignée de ma discipline, en étudiant la maladie de Whipple. Cette infection bactérienne du cerveau a engendré une obésité tout à fait surprenante et inattendue chez certains de nos patients. Or ce surpoids, qui est apparu soudainement, a disparu tout aussi rapidement après la prise d'antibiotiques. Certains malades ont ainsi perdu quinze kilos en seulement un mois et le diabète dont ils souffraient ! Cet effet spectaculaire n'est pas explicable. Cela montre que l'obésité est une maladie très complexe dont les rouages nous échappent encore.

Le niveau d'intelligence aussi ne cesse d'augmenter depuis un siècle. Bien sûr, il est difficile à évaluer objectivement car les tests de quotient intellectuel (QI) mesurent en réalité un niveau d'adaptation à la société qui les a inventés. Toutefois, on constate une hausse des scores de QI depuis cent ans (cela s'appelle l'effet de Flynn). Cela s'explique en partie par une meilleure éducation mais, globalement, la compétence cognitive des humains ne cesse de progresser. Les gens sont plus intelligents qu'avant ! Je vous assure que le niveau intellectuel de base en France est bien plus élevé qu'il y a cinquante ans. Il reste toutefois une plus grande inégalité intellectuelle dans les pays pauvres que dans les pays riches. Cet écart va se gommer rapidement car l'accès à l'éducation et l'ouverture sur le monde via Internet et la télévision se généralisent. Dans toutes les époques passées, il y a eu des esprits brillants, comme les philosophes grecs anciens, mais il y avait en proportion moins de personnes éclairées qu'aujourd'hui. L'intelligence dépend des stimulations extérieures et de l'ouverture de la société. Dans la Grèce antique du ve siècle avant Jésus-Christ, Sparte était une civilisation fermée et très disciplinée mais qui n'a rien inventé tandis que sa rivale, Athènes, plus ouverte sur le monde, était très créative. Les peuples les plus soumis ne sont pas les plus brillants. L'intelligence, c'est la créativité et la compréhension du monde.

Favoriser l'initiative est un facteur clé pour développer l'intelligence. Cela rejoint le débat ancien sur l'éducation en France entre les tenants du pédagogisme – qui insistent sur l'épanouissement des élèves –, et les tenants de la stricte transmission des savoirs par le maître. Bien entendu il faut de la discipline pour apprendre les bases mais il faut aussi laisser se développer la créativité. L'intelligence se nourrit à la fois des connaissances apprises et du développement d'initiatives intellectuelles. Il faut un équilibre entre ce qu'on doit apprendre par cœur et ce qu'on peut créer à partir de ce qu'on a appris. Trop de démagogie peut être néfaste aussi, par exemple si les professeurs font du théâtre avec leurs élèves au lieu de leur faire lire les meilleurs auteurs. De façon similaire, il est nécessaire dans la société de trouver un équilibre entre rigidité et innovation. Les civilisations les plus dictatoriales sont moins créatives et finissent par s'écrouler plus rapidement.

Un autre changement en cours dans notre société marque une divergence entre les hommes et les femmes. Les caractères sexuels secondaires sont exacerbés par rapport aux années 1970 où la mode était à l'androgynie. Les garçons aiment aujourd'hui être musclés, se raser la tête et porter la barbe et les femmes sont plus souvent maquillées et portent volontiers jupes et talons. Il y a un renversement par rapport aux années de la révolution sexuelle où le pantalon représentait une forme de libération pour la gent féminine. Cela s'observe aussi dans la communauté musulmane, les femmes portent le voile et des jupes longues, les hommes la barbe et la djellaba. Les apparences ont changé brutalement et c'est un courant mondial. Aux États-Unis les jeunes filles, qui n'ont porté que des joggings pendant longtemps, sont à présent très féminines.

L'environnement et la société dans laquelle nous évoluons peuvent donc influer sur notre morphologie, notre habillement et notre intelligence. Or, une partie de ces mutations liées au milieu pourraient se transmettre aux générations suivantes.

Le stress est héréditaire chez le rat. Et s'il l'était chez l'Homme ?

Et si le stress était transmissible ? Cette tension si répandue dans nos sociétés modernes représenterait-elle un danger pour nos enfants ?

Une expérience menée sur des rats de laboratoire a de fait montré que les effets du stress étaient transmissibles sur plusieurs générations. Une première population de rats a été soumise à une situation de stress prolongée. Leur niveau d'anxiété, mesuré à l'aide d'un test spécifique, était naturellement élevé. Or leur progéniture, qui n'était pourtant plus soumise à un stress extérieur, présentait également un comportement plus anxieux que celui d'un groupe de rats normal. Ce caractère de sensibilité accrue au stress a été ainsi transmis sur trois générations. C'est un exemple de phénotype[1] acquis par l'environnement et devenu héréditaire.

1. Expression des caractères génétiques : c'est l'apparence.

Et chez l'Homme ? On voit bien que selon l'environnement nous ne sommes pas les mêmes. Une illustration remarquable d'un caractère acquis par adaptation est la fertilité élevée observée chez les immigrants de la première vague au Canada et que l'on retrouve un siècle plus tard chez leurs descendants qui continuent à faire plus d'enfants que les descendants des immigrants de la deuxième et de la troisième vague. L'expérience des rats stressés est bien sûr impossible à reproduire chez l'Homme. Mais on peut supposer que le stress que nous subissons nous transforme et que ces changements peuvent éventuellement être transmis aux générations suivantes. C'est pourquoi je pense qu'il faut arrêter d'affoler les gens avec des prédictions apocalyptiques sur l'avenir de la planète et sur notre santé. Malheureusement, les humains sont plus réceptifs aux mauvaises nouvelles qu'aux bonnes. Chaque jour, les sites d'information et les journaux relaient des informations anxiogènes sans toujours tenir compte de leur validité scientifique : « L'air du métro créée un vrai risque sanitaire » ; « Alcool et grossesse : les Français sous-estiment les risques » ; « Les adolescents qui ont un pouls lent ont-ils plus de risques de devenir des criminels ? » Cela génère beaucoup d'angoisse dans la population – les Français sont parmi les premiers consommateurs au monde d'antidépresseurs. Et on peut s'inquiéter à juste titre des conséquences pour l'état mental de nos enfants.

Pr Didier Raoult

La métamorphose des criquets pèlerins

Dans le règne animal, les transformistes les plus célèbres sont certainement les caméléons. Leur capacité à changer de couleur de peau, du vert au rouge, pour communiquer avec leurs congénères ou se camoufler dans la nature est fascinante. Ils ne sont toutefois pas les seuls à être capables de telles transformations.

Savez-vous par exemple que les criquets pèlerins peuvent changer d'apparence en fonction de la densité de leur population ? Inoffensif à l'état solitaire, cet insecte peut devenir un terrible ravageur quand il évolue en groupe. À partir d'un certain seuil de population (500 adultes par hectare), les criquets changent de morphologie et de comportement puis s'agrègent en énormes essaims et se déplacent, dévorant les cultures sur leur passage. Les criquets « migrateurs » n'ont pas les mêmes couleurs que les « solitaires ». Ces animaux sont donc capables d'une véritable métamorphose impulsée par un changement de leur environnement. C'est un modèle intéressant pour réfléchir aux phénomènes humains comme les migrations, la colonisation et les guerres qui sont très souvent liées à des poussées démographiques.

Les abeilles existent, elles aussi, sous différentes formes. Au sein d'une ruche, la reine, qui assure la reproduction de sa colonie, a un corps plus grand et plus effilé que celui de ses ouvrières. Et pourtant, ces abeilles ont toutes le même patrimoine génétique (génotype). Cela signifie qu'il peut y avoir des divergences physiques très importantes entre deux individus dotés du même ADN. C'est ce qu'on a appelle le polyphénisme. Cette propriété existe aussi chez les termites où elle génère différentes « castes » : des ouvriers aveugles, des soldats armés et des aristocrates ailés tous dotés du même génome et qui vivent ensemble !

Les hommes ont parfois voulu imiter ce phénomène. Dans de nombreuses civilisations, les aristocrates ont voulu faire croire qu'ils étaient d'une nature différente. En France, cela s'est traduit par l'idée du « sang bleu » et des quartiers de noblesse (il fallait pouvoir justifier de plusieurs ancêtres nobles pour prétendre à un titre de noblesse). Bien entendu cela n'a jamais été vrai. Un exemple frappant est celui des seigneurs mayas. Ils aplatissaient le crâne des nouveau-nés de leur caste aristocratique pour leur donner une forme de tête distincte et reconnaissable. Dans cet exemple, l'Homme crée lui-même un phénotype pour différencier des populations au départ identiques.

Si les métamorphoses physiques se produisent chez les criquets et les abeilles, cela signifie que ce phénomène n'est pas propre à une seule espèce. J'ignore à quel point l'Homme est capable de se transformer mais l'environnement peut certainement entraîner des modifications majeures de la morphologie. À la différence des insectes, l'Homme est toutefois un être complexe doté d'un cortex. Il n'est pas obligé de rester passif devant les effets de l'environnement, il peut réagir en utilisant son intelligence.

Face au surpoids et à l'obésité, induits en partie par l'alimentation et le cadre de vie, il est possible de limiter les risques. C'est la leçon mondiale des femmes françaises. Dans les années 1960, elles ont été les premières à avoir contrôlé leur poids de manière volontaire à partir de l'âge de trente ans, en faisant attention à leur régime et en se pesant tous les jours. Cette pratique a ensuite gagné les femmes d'autres pays, offrant une visibilité internationale à la coquetterie et à l'élégance française. Aujourd'hui les hommes s'y mettent aussi. Cela dit, même si cela peut paraître injuste, parmi les personnes obèses, certaines ont une consommation calorique banale mais c'est leur métabolisme qui favorise une prise de poids. D'autres personnes ayant la même consommation ne grossissent pas. La sévérité du régime dépendra de la nature de chacun, puisque l'accumulation des graisses et la conversion des sucres en graisses diffèrent selon les personnes. Certains facteurs liés aux habitudes de notre environnement social peuvent toutefois être contrôlés par les politiques et la réglementation. C'est le cas de l'excès de sucre dans les aliments industriels. C'est aussi le cas de l'accès aux boissons sucrées, dont le rôle dans l'obésité a été amplement démontré. En revanche, les bienfaits du sport pour perdre du poids ont été exagérés et en partie instrumentalisés par l'industrie agroalimentaire. Pour dépenser toutes les calories que l'on absorbe en buvant une canette de Coca, il faudrait faire trente minutes de jogging. L'exercice physique n'a qu'une place marginale dans la perte de poids.

Le développement de l'embryon guidé par l'environnement

Ce qui est vrai à l'échelle des organismes l'est aussi à l'échelle des cellules qui les constituent. Le milieu environnant influence la forme et la fonction de nos cellules. C'est particulièrement le cas au tout début de la vie : lors du développement de l'œuf fécondé, la cellule souche primordiale unique génère un embryon composé de cellules très différentes (cellules musculaires, cellules nerveuses, cellules cardiaques, etc.). Les ressorts de ce programme très complexe sont encore mal compris. Ce qui est sûr c'est que selon l'emplacement de la cellule dans l'embryon, celle-ci va prendre une forme différente. Son environnement influence donc le devenir d'une cellule souche indifférenciée en une cellule spécialisée. Le destin des cellules est scellé durant l'embryogenèse. Cette spécialisation est en effet irréversible. Une fois transformée en neurone ou en cellule cardiaque, une cellule ne pourra plus revenir à l'état antérieur de cellule souche, ni changer de fonction, et elle transmettra sa spécialité à ses cellules filles.

Cette influence du milieu qui entoure les cellules continue tout au long de la vie. Si je place une cellule souche dans votre cerveau, elle va se transformer en cellule cérébrale. Les scientifiques appellent « épigénétique » ce mécanisme par lequel des stimulations de l'environnement ou de l'histoire individuelle modifient l'expression des gènes d'une cellule. C'est la différence entre le bloc de marbre du patrimoine génétique propre à chaque individu et la nature fluctuante de ce qui est exprimé dans une cellule. Les cellules d'un même individu sont toutes dotées du même patrimoine génétique (sauf s'il s'agit d'une cellule chimère). Néanmoins une cellule n'utilise jamais tous les gènes de son génome, chaque cellule a un programme d'expression spécifique, c'est ce qui fait la différence entre les cellules de l'œil et celles de la peau, par exemple. Elles ont le même génome mais n'en utilisent qu'une partie pour coder certaines protéines nécessaires à leur fonction.

Si je prélève des cellules de votre épiderme pour les cultiver en laboratoire, je peux les rendre immortelles, en les faisant se multiplier indéfiniment. On peut alors observer qu'une cellule de peau reste une cellule de peau même si on la change de milieu. Elle conserve son phénotype et se reproduit en cellules semblables à elle-même. Cela signifie que ces caractères induits par son environnement au moment de l'embryogenèse sont hérités par les cellules filles. La spécialisation cellulaire est donc transmissible, c'est un mécanisme lamarckien. Dès le XVIIIe siècle, le naturaliste français Jean-Baptiste de Lamarck, prédécesseur de Darwin, proposait que les caractères acquis par adaptation à l'environnement devenaient transmissibles aux enfants par une modification interne (on dirait aujourd'hui épigénétique) et non pas par l'éducation, et même si le milieu des enfants était différent de celui des parents. Sa théorie, qui reflète une partie de la réalité, a malheureusement été dénigrée en son temps par ses contemporains, en particulier par son compatriote l'éminent scientifique Georges Cuvier. L'innovation intellectuelle est toujours combattue par ceux qui sont en place même s'ils sont très intelligents. Kuhn affirme que le changement de paradigme est un préalable à tout changement de théorie, et qu'il est toujours accueilli avec beaucoup de réticences. La bataille est aussi générationnelle car ce sont en général les jeunes qui sont pionniers d'un nouveau concept. Il est très difficile, voire impossible pour des scientifiques plus âgés de remettre en cause les acquis qu'ils ont accumulés durant leur carrière pour repartir de zéro.

Leur environnement détermine également la forme et l'expression des bactéries et des virus. Selon le milieu dans lequel il vit, un même micro-organisme utilise différentes protéines, ce qui signifie que certains gènes sont parfois exprimés et d'autres fois tus. Afin de déterminer si ce mode d'expression était transitoire ou s'il était conservé et transmis aux générations suivantes, nous avons conduit une expérience avec des virus géants. Nous avons placé les virus dans un milieu particulier et analysé quels gènes étaient utilisés puis, cent générations plus tard, quels virus survivaient encore dans ces conditions-là. Eh bien, cent générations plus tard, les virus avaient perdu beaucoup de gènes. C'est une stratégie classique des êtres vivants pour se multiplier plus rapidement. Les virus qui ont survécu ont éliminé soit des gènes inutiles, soit des gènes qui les freinaient. Parmi les gènes perdus, nous avons regardé s'il s'agissait de gènes non utilisés dès le départ (ce qui relèverait d'un phénomène larmarckien : le virus s'est adapté à son milieu et a supprimé des gènes inutiles) ou si, à l'inverse, il s'agissait de gènes qui étaient exprimés au départ mais qui avaient été ensuite éliminés car ils freinaient la multiplication dans leur nouveau milieu (ce qui traduirait un phénomène darwinien : sélection a posteriori des caractères les plus efficaces). Résultat ? Deux tiers des gènes perdus étaient inutiles au départ (phénomène lamarckien), et un tiers d'entre eux étaient utilisés au départ (phénomène darwinien). Cela ne veut pas dire que ce résultat soit généralisable. Mais cela confirme l'existence de mécanismes d'adaptation transmissible de type lamarckien. L'évolution n'est pas seulement le fruit de la sélection naturelle de mutations hasardeuses mais aussi d'une adaptation à l'environnement qui peut se transmettre.

En conséquence, plus on est spécialisé, plus on est vulnérable

Chaque fois qu'un organisme se spécialise, il devient plus fragile car inapte à vivre dans des conditions différentes. C'est vrai pour les humains aussi : plus vous êtes spécialisé plus vous êtes vulnérable. Les citadins du XXIe siècle ont ainsi moins de chances de survivre à une catastrophe qui balaierait toutes les technologies modernes que des paysans qui savent cultiver des légumes, chasser et reconnaître des champignons comestibles. Les hommes contemporains adaptés à des domaines très spécialisés seraient incapables de s'adapter à des conditions différentes. La spécialisation, qui est la surexpression de certaines qualités, est toujours associée à une perte de potentiel.

En 1994, j'ai été envoyé par l'OMS à Goma, au Congo, à la frontière du Rwanda, au moment de la guerre civile, où 800 000 réfugiés s'étaient installés dans une région rurale déserte. J'ai été frappé par l'organisation extrêmement efficace des Africains dans ce camp. Récemment, j'ai fait le même constat au Liban, où 1,2 million de réfugiés syriens vivent dans des campements. Une organisation sociale s'est mise en place rapidement. Les réfugiés, souvent d'anciens nomades, gèrent eux-mêmes la sécurité, l'accès à l'eau et au bois de chauffage. La rapidité d'auto-organisation est spectaculaire. À contrario, pendant l'exode en 1940 (relaté dans *Normance* de Céline et *Pilote de guerre* de Saint-Exupéry), les Parisiens partis précipitamment sur les routes ont été incapables de s'organiser et 10 000 enfants ont été perdus par leurs familles ! On voit bien que la capacité d'auto-organisation des urbains spécialisés est bien moins bonne que celle des ruraux moins spécialisés. C'est pourquoi il faut se méfier de l'idée même de civilisation soi-disant évoluée. Comme disait Claude Lévi-Strauss, le degré d'évolution d'une société dépend des expériences auxquelles elle est confrontée. Dans un monde en paix et très spécialisé, les hommes spécialisés sont les meilleurs, mais dans un monde instable, ce sont les moins spécialisés les meilleurs. Ça, c'est une leçon des bactéries !

Les isoformes de protéines : un nouvel espoir pour la médecine

L'influence de l'environnement s'exerce jusqu'au cœur de nos cellules, sur le choix des gènes et donc des protéines qui vont être utilisées par ces cellules. C'est ce qu'ont révélé les recherches des dernières années.

Selon le dogme dominant de la biologie moléculaire,

un gène (un fragment d'ADN) code pour une protéine unique qui assure une fonction spécifique dans la cellule. Par exemple, dans certaines maladies héréditaires, un gène muté ou absent peut conduire à des protéines anormales ou absentes, qui elles-mêmes conduisent à un dysfonctionnement de l'organisme. C'est le cas de la drépanocytose, une maladie génétique qui se caractérise par l'altération de l'hémoglobine, la protéine assurant le transport de l'oxygène dans le sang. Toutefois la plupart des pathologies ne sont pas causées par un seul gène mais par plusieurs gènes ainsi que par des facteurs environnementaux.

Or les avancées de la génomique (l'étude du génome) et de la protéomique (l'étude des protéines) nous révèlent que le dogme selon lequel un gène correspond à une protéine unique n'est plus exact ! Le monde des gènes et des protéines est plus complexe qu'on ne l'imaginait. Il se passe beaucoup de choses que la théorie ne prédit pas et que les chercheurs sont en train de découvrir. Ainsi, les isoformes d'ARN et de protéines font partie de ces nouvelles pépites de la science qui ouvrent des perspectives extraordinaires.

Explication. Les molécules d'ARN sont des intermédiaires entre l'ADN (les gènes) – la source de l'information génétique – et les protéines, les ouvriers des cellules. Pour être mis en œuvre, un gène doit être d'abord transcrit en une autre molécule, un ARN messager. Ce petit support d'information mobile va sortir du noyau pour être traduit en protéine, le véritable artisan du fonctionnement de la cellule. En d'autres mots, selon le dogme dominant, un gène (ADN) est transcrit en un ARN qui code pour la protéine correspondante.

Un jour des biologistes ont observé un phénomène étrange : un même gène codait pour plusieurs protéines ayant des fonctions distinctes. Une vraie révolution pour le dogme de la génétique ! Les chercheurs ont constaté que le même gène pouvait être traduit en quatre ou cinq ARN différents. Ces formes diverses d'ARN issus d'une même séquence d'ADN (gène), appelés isoformes, codaient également pour des protéines différentes. Contrairement au dogme, un gène peut donc correspondre à plusieurs protéines différentes.

On se rend compte aujourd'hui qu'il y a en permanence un mélange de différents isoformes de protéines dans les cellules, dont la proportion diffère selon les individus. Certains vont avoir 70 % de tel isoforme de protéine, d'autres seulement 10 %. Et ces proportions peuvent varier dans le temps. Ces isoformes sont des assemblages différents des morceaux d'un même gène qui codent maintenant pour des protéines différentes, ayant parfois des effets opposés. Pour l'heure, ni la raison d'être de ces isoformes ni leur mode de régulation ne sont expliqués. Pourquoi à tel moment, telle forme de protéine est-elle dominante plutôt qu'une autre ? On n'en sait rien ! Et pourtant cela modifie le métabolisme de la cellule et de l'organisme. Si demain les scientifiques parviennent à comprendre ce mécanisme de régulation d'un nouveau genre, cela permettra de concevoir de nouveaux médicaments.

Une de nos équipes travaille par exemple sur une protéine qui découpe les virus mais contre laquelle le virus du sida a trouvé une parade en bloquant l'un de ses récepteurs. Or en analysant l'ADN codant pour cette protéine, nous avons vu qu'il était possible de fabriquer un isoforme de la protéine, semblable mais dénué des récepteurs ciblés par le virus, et donc susceptible de pouvoir tuer le virus sans être inhibé. Si les chercheurs réussissent à synthétiser cet enzyme isoforme, nous disposerons d'un nouveau médicament contre le sida !

*

* *

L'idée selon laquelle la génétique serait capable de tout prédire n'est pas réaliste car l'environnement – à l'intérieur comme à l'extérieur du corps humain – peut modifier les caractères de manière très radicale et transmissible sur plusieurs générations, comme nous venons de le voir. Comment ces changements sont-ils orchestrés au sein des cellules ? Nous ne le comprenons pas entièrement. Les mondes de l'ADN, de l'ARN et des protéines recèlent encore de nombreux mystères. L'environnement influence aussi leur expression dans les cellules mais les mécanismes en jeu n'ont pas été tous bien identifiés. Bonne nouvelle cependant, les découvertes dans ce domaine offrent des promesses extraordinaires en termes d'innovations thérapeutiques.

– TROISIÈME PARTIE –

LES ÊTRES HUMAINS DES ORIGINES À NOS JOURS : L'EXPLOSION DES MYTHES ET DES IDÉES REÇUES

Il n'y a pas de Français « de souche », pas de races humaines, pas de peau « noire » ou « blanche », la sélection des meilleurs est une invention du XIXe siècle raciste et occidental, et les plus forts ne seront pas les gagnants ! Cela n'est pas une déclaration humaniste et politicienne, mais une réalité scientifique… qui peut nous permettre, si nous en tenons compte, de mieux nous entendre et mieux nous adapter aux changements à venir.

Le mythe de la supériorité de l'homme moderne (*Homo sapiens*) sur l'homme de Neandertal vient d'être renversé par les découvertes récentes de la génétique. Ces deux espèces humaines, comme d'autres hominidés avant eux, se sont reproduites entre elles.

Depuis l'aube des temps, le métissage est la règle de la Nature. Les hommes, attirés par la beauté des femmes avant tout, ont semé leurs gènes au-delà de leur cercle tribal ou social, contribuant à diversifier le pool génétique de la population. Les viols, fréquents durant les périodes de guerre du passé, ont également participé à des mélanges entre peuples rivaux. Tout comme les migrations de population ont été et sont encore aujourd'hui des facteurs clés du métissage interhumain.

Dans notre monde connecté et changeant, le programme des nationalistes qui ne croient qu'en la France n'est pas viable. De même que celui des partis hexagonaux qui, au nom d'une laïcité rigide, excluent musulmans et juifs pratiquants. La cohésion de tous les Français me semble essentielle en cette époque mouvementée pour éviter le risque d'une guerre civile.

– 7 –

LES ORIGINES : UN RHIZOME PLUTÔT QU'UN ARBRE DE VIE

Notre vision des origines a été faussée par un aveuglement culturel lié au mythe de l'arbre de vie (image tirée de la Bible par Darwin) et celui de la Genèse faisant remonter l'Homme au couple d'Adam et Ève. Cette idée d'une origine unique a ensuite été reprise par Darwin. Cela est faux puisque nos origines sont multiples et chaotiques, à l'instar des nombreuses racines d'un arbre renversé ou d'un rhyzome !

Contrairement à une idée reçue, différentes espèces humaines, à la morphologie distincte, se sont mélangées entre elles. Là encore, on a trop simplifié les choses en partant d'un raisonnement vicié. C'est la génétique, ce nouvel outil du XXIe siècle, qui a permis de découvrir ces nouveaux éléments.

Toutes les croyances en la prééminence de l'homme moderne, puis de l'homme « blanc » européen sont des mythes hérités de notre histoire et qui ont alimenté le racisme. L'idée de « race blanche » est un fantasme post-colonial qui ne repose sur aucun fondement scientifique.

Encore une fois la génétique nous démontre l'absurdité des thèses racistes.

Le mystère des origines humaines

Les origines sont représentées de deux façons différentes. Tantôt sous la forme d'une tige partant de la racine (origine unique), tantôt sous la forme inversée en partant de la fleur pour remonter aux nombreuses racines (origines multiples) comme dans un arbre généalogique. Ainsi, à partir de la Bible, la généalogie est représentée comme une tige unique et patrilinéaire (origine de pères en fils) qui donne l'impression de branches qui s'éloignent au fur et à mesure à partir d'un foyer unique : c'est l'hypothèse d'Adam et Ève. En revanche, notre réalité, perçue à l'inverse, est celle qui nous place à la base d'une arborescence où nous pouvons situer nos parents, nos grands-parents et arrière-grands-parents et réaliser que nous n'avons pas une origine unique mais que nous sommes issus de sources multiples.

La vision biblique d'un ancêtre unique va amener à la construction par Darwin d'un monde basé sur un nœud unique (le « dernier ancêtre commun ») qui ne représente pas la réalité. En effet nous n'avons pas une origine unique, nous n'avons pas cessé d'être métissés entre humains mais aussi avec les virus, les bactéries et peut-être même avec d'autres organismes qu'il nous reste à découvrir ! D'ailleurs, la Bible n'a pas réussi à expliquer comment Caïn, le fils aîné d'Adam et Ève, a trouvé des femmes, après le meurtre de son frère Abel, puisqu'ils n'avaient pas de sœur ! Ces éléments laissés incomplets représentent simplement l'impossibilité à définir une source unique, autrement que par la créativité divine.

L'homme moderne a hérité de gènes de Neandertal

L'homme moderne, de l'espèce *Homo sapiens* (« celui qui sait » en latin), est aujourd'hui le seul représentant de l'espèce humaine sur la planète. Mais cela n'a pas toujours été le cas. Il y a encore des milliers d'années, plusieurs groupes humains, appelés à tort espèces, ont coexisté. En particulier les hommes de Cro-Magnon et les hommes de Neandertal ont vécu pendant une même période sur le continent européen, avant que ces derniers ne disparaissent. Pourquoi ? C'est encore un mystère. Un faciès de singe, un corps poilu et la peau sombre… Telle a été pendant longtemps l'image de Neandertal. *Homo neanderthalensis* avait de fait une morphologie plus robuste et trapue que Cro-Magnon – celui dont on fera à tort l'« *Homo sapiens* » et qui, lui, était anatomiquement semblable à l'homme moderne. Selon les préjugés liés à notre culture, l'homme de Cro-Magnon devait donc forcément être supérieur aux autres espèces. L'idée qui a longtemps prévalu est que les populations de Neandertal, considérées comme archaïques, auraient été progressivement détrônées par les hommes de Cro-Magnon, que l'on pensait être les seuls ancêtres de l'homme moderne. L'intelligence plus développée et les capacités supérieures de Cro-Magnon auraient eu raison de son rival. Pendant des décennies, cette approche culturelle de la science a engendré un véritable aveuglement idéologique. Basée sur l'idée de la disparition des espèces les moins adaptées et de la survie des meilleurs, elle s'inscrivait dans le courant néodarwiniste. Cette belle histoire n'était en réalité qu'un mythe !

L'erreur de la théorie initiale ayant distingué Cro-Magnon comme notre ancêtre unique trouve en partie son origine dans l'analyse morphologique des fossiles, qui comporte de nombreuses limites. Chaque nouvelle mise au jour d'ossements anciens a donné lieu à une nouvelle théorie. Les paléontologues auront du mal à l'admettre, mais l'analyse des squelettes fossiles n'est pas une science exacte. Il est extrêmement difficile d'établir des liens de parenté entre différents fossiles, même si ces squelettes confirment la diversité foisonnante de nos ancêtres. Ce qui empêchait également de voir les choses telles qu'elles sont, c'est la notion de divergence des espèces ancrée dans notre culture et véhiculée par le mythe d'Adam et Ève. C'est l'idée, à laquelle Darwin croyait aussi, que toutes les espèces ont été créées indépendamment les unes des autres. Ce qui exclut tout échange de gènes entre espèces.

Paléontologie : la génétique renverse le dogme établi

En accord avec la théorie de Karl Popper, c'est un changement d'outil qui a permis de faire avancer la connaissance en paléontologie. Au début, les fossiles humains étaient identifiés selon un seul critère : ils ressemblaient ou non à des fossiles humains déjà identifiés. Dans un deuxième temps, ils ont été datés à partir de la couche sédimentaire dans laquelle ils avaient été retrouvés et par la mesure du carbone 14 qui permet de dater approximativement l'ancienneté des prélèvements. Ces données, en plus des éléments visuels anatomiques de comparaison, ont permis de créer une théorie basée sur l'observation. Cette théorie a été profondément biaisée, comme toutes les théories, d'abord par l'hypothèse chrétienne de la création d'un être humain immédiatement moderne, puis par l'hypothèse darwinienne d'une origine unique avec la perte, au cours de l'évolution, d'un certain nombre d'hominidés qui n'étaient pas adaptés et qui ont donc disparu. Cette hypothèse a duré jusqu'à la fin du XXe siècle.

C'est seulement au XXIe siècle que l'apparition d'un nouvel outil, la génétique, a permis de faire exploser les théories antérieures de la supériorité d'un hominidé sur les autres en montrant qu'en réalité nous étions les résultats d'un métissage entre ces différents hominidés. Là encore nous ne sommes probablement pas au bout de nos surprises. Chaque nouvelle découverte de fossiles humains nous permettra d'identifier des ancêtres nouveaux et de réaliser que nous ne sommes pas, après 100 000 ans, au bout d'une branche sans corrélation avec les autres êtres vivants. De façon amusante, dans le squelette de Lucy (découvert en Éthiopie en 1974 et qualifié d'Ève de l'humanité) on a récemment découvert un os qui n'était pas humain, bien qu'il ait été considéré comme une partie de son squelette depuis plus de quarante ans ! Cela prouve tout simplement que l'observation visuelle n'est pas suffisante pour reconstituer l'histoire d'un squelette, d'un être vivant, et encore moins de l'humanité tout entière.

Faisant tomber plusieurs idées reçues, la génétique nous apprend que nous sommes issus de croisements entre différentes lignées préhistoriques, en particulier entre les hommes de Cro-Magnon et de Neandertal. Un jour, lors d'une émission de télévision à laquelle j'ai été invité, un célèbre paléontologue racontait pour la énième fois le récit légendaire de la disparition de l'homme de Neandertal au profit de Cro-Magnon. À mon tour de parler, j'ai expliqué que cette idée basée sur l'étude morphologique des squelettes n'était plus vraie au regard de la génétique. Ce qui a beaucoup choqué mon interlocuteur ! De fait, je venais de lire deux études publiées dans *Nature* démontrant que les Européens avaient 3 à 5 % de gènes de l'homme de Neandertal, ce qui signifie que Cro-Magnon et Neandertal se sont reproduits entre eux. Par une drôle de coïncidence, le lendemain, je suis tombé sur une troisième étude dans *Science* qui allait dans le même sens ! Et plus extraordinaire encore, un an plus tard, l'auteur de cette publication, Laurent Abi-Rached, un chercheur de l'université de Stanford aux États-Unis, a demandé à rejoindre mon laboratoire où il continue de travailler depuis. Grâce à la cartographie génétique réalisée par l'équipe de Laurent Abi-Rached, on a pu observer la part des gènes de Neandertal et d'autres espèces disparues chez les hommes contemporains dans différentes zones du monde. Certains Asiatiques présentent ainsi 1 à 3 % de gènes de Denisova – un autre groupe d'humains ayant vécu à la même période que Cro-Magnon, identifié en 2010 en Sibérie à partir de restes osseux.

Les différentes lignées humaines se sont donc mélangées entre elles et nous sommes le résultat de ces croisements. Il n'y a pas eu de supériorité d'une espèce sur une autre et les populations ont été triées par des facteurs extérieurs, sans doute des catastrophes, comme dans le mythe du Déluge. A fortiori l'idée darwinienne de branches distinctes d'hommes préhistoriques, l'une moderne (Cro-Magnon) et les autres archaïques (Denisova, Neandertal, etc.), est erronée. C'est un mythe quasi religieux qui a été repris par les paléontologues car il était cohérent avec leur schéma de pensée, mais qui a conduit à une vraie erreur d'interprétation : il y avait une seule espèce humaine.

J'ai tenté à plusieurs reprises d'alerter la communauté scientifique sur le fait qu'il ne fallait pas confondre Cro-Magnon – qui vivait il y a 50 000 ans au côté de Neandertal – avec l'homme moderne actuel, fruit des croisements entre les différentes espèces d'hominidés préhistoriques. Pendant longtemps, les hommes de Cro-Magnon ont été en effet considérés à tort comme des hommes modernes. Certains utilisent aujourd'hui le terme « d'hommes morphologiquement modernes » (mais génétiquement différents de nous) pour qualifier les hommes de Cro-Magnon, ce qui correspond mieux à ce que nous a appris la génomique.

L'analyse du génome de Neandertal a révélé une autre surprise : c'est à lui que nous devons notre couleur de peau claire et nos yeux bleus d'Européens mais aussi beaucoup de maladies, en particulier la maladie de Behçet, une pathologie fréquente en Turquie et tout le long de l'ancienne route de la soie. D'autres maladies « néandertaliennes » ont été décrites par ailleurs. Malgré ce legs négatif, la réputation de Neandertal s'est nettement améliorée depuis que l'on sait qu'il fait partie de notre patrimoine génétique. D'ailleurs, c'est intéressant, on le représente désormais avec un physique proche de celui de l'homme moderne à la peau blanche et aux yeux bleus et non plus comme un demi-singe !

Les Méditerranéens moins racistes que les Européens du Nord

Le racisme apparaît d'une manière brutale après l'épisode de mondialisation du XVIe siècle, au moment de la découverte de nouveaux continents et de l'expansion européenne dans le monde. Dans les pays méditerranéens, la mixité et le métissage étaient la règle, ainsi entre le nord et le sud de la Méditerranée les échanges ont été permanents et il y avait un gradient de couleurs de peau, qui fait qu'il n'y avait pas de rupture entre le nord et le sud. C'est toujours le cas si l'on regarde les habitants du sud de la France et ceux du nord du Maghreb : il est difficile de distinguer l'origine des personnes simplement à partir de leur couleur de peau quand ni les vêtements ni les habitudes culturelles ne viennent biaiser l'observation. En revanche l'expansion de l'Europe du Nord a amené à des constatations très différentes. Les peuples de l'Europe du Nord n'avaient pas été en contact avec les peuples méditerranéens ni avec ceux du sud. Ainsi lorsque les Anglais et les Hollandais ont envahi le reste du monde, ils ont rencontré des humains d'une couleur radicalement différente de la leur, pour laquelle il n'existait pas d'intermédiaire, ni de métis, à la différence de ce que l'on pouvait voir dans le pourtour méditerranéen. Les soldats rose pâle ou les immigrés d'Allemagne, d'Angleterre ou de Hollande ont été confrontés à des humains à la peau foncée (café ou chocolat) très objectivement différents et cela a généré l'idée même de races entièrement distinctes.

Cette différence majeure entre les Européens du Nord et du Sud s'est traduite par deux approches opposées au moment de la colonisation. Ainsi lors de la conquête du Pérou et du Mexique par les Espagnols, il n'est jamais question de race, Cortés se marie immédiatement avec la fille d'un chef indigène et lui fait des enfants, il n'y a jamais eu de racisme clivant, le comportement des Portugais ne se montrant là non plus nullement raciste. À l'inverse, pendant la colonisation de l'Amérique du Nord, les Anglais et les Européens du Nord vont qualifier les autochtones de « Peaux-Rouges » du fait de leur teint cuivré. Cette différence considérable va marquer l'impossibilité théorique des mariages mixtes en Amérique dès cette époque, qui sera renforcée ultérieurement avec l'arrivée des esclaves. Ce sont aussi les Anglais et les Hollandais qui ont mis en place l'Apartheid aussi bien en Rhodésie (Zimbabwe) qu'en Afrique du Sud. Celui-ci n'a jamais eu lieu avec les Français, les Espagnols ou les Portugais.

Le racisme basé sur la couleur ou le type de cheveux (crépus et noirs pour les Africains) a explosé à partir du XIXe siècle en trouvant des supports à la fois dans la Bible (avec la malédiction d'un des enfants de Noé) et dans le darwinisme qui proclamait que ceux qui étaient les plus forts étaient les plus évolués. La notion de « peau blanche » est née au moment de l'élaboration des thèses racistes et de l'esclavagisme. Il était important pour l'individu de savoir dans quel groupe il se situait, les captifs « noirs » ou les propriétaires « blancs », à tel point que la notion (fausse) de race est devenue un véritable fantasme.

Il est d'ailleurs assez probable que la définition des races, en particulier aux États-Unis, provient du refus même de l'idée de métissage. Une seule goutte de « sang noir » pouvait suffire à considérer un métis comme « noir » dans les États du Sud. Cela a d'ailleurs été l'un des éléments déclencheurs de la guerre de Sécession. La vente d'une esclave ayant un huitième de « sang noir », mais qui, élevée dans la famille de son père blanc, ressemblait à n'importe quelle aristocrate du Sud, a heurté jusqu'aux partisans de l'esclavage ! Cette définition de l'homme « noir » n'a aucune réalité scientifique, pourtant ses conséquences perdurent. Les Américains appellent encore « noirs » des métis, car cette idée forte demeure : il suffit d'avoir un ancêtre à la peau foncée pour être désigné et qualifié de « noir ». C'est le cas de Mohamed Ali (alias Cassius Clay), dont le père était blanc, ou de Jimi Hendrix, qui avait des origines indiennes cherokees.

Un autre exemple frappant est la différence des relations et donc de traitement des Polynésiens par les Anglais et les Français. En Nouvelle-Zélande, ils sont appelés « Noirs », ils ont vécu dans des ghettos et ont connu la vraie et lourde ségrégation raciale. A contrario, à Tahiti, les femmes tahitiennes ont fait rêver tous les colons et les voyageurs qui étaient dans les îles, et actuellement il n'y a plus de Polynésiens stricto sensu, parce qu'ils se sont tous mélangés, soit avec des Chinois, soit avec des Français ou d'autres voyageurs passés par là. Il y a donc vraiment une différence de perception, liée à une différence d'habitude de mélanges de population, qui est très spectaculaire.

La différence de couleur de peau entre un Anglais, un Irlandais ou un Écossais et un habitant de l'Afrique de l'Ouest saute aux yeux de façon évidente et tant qu'il n'existe pas de forme intermédiaire, cela peut amener à l'idée qu'il s'agit de deux « races » différentes. Toutefois la conscience que cette différence ne dure pas après l'accouplement (la couleur de peau des enfants métis est un mélange), amène heureusement à penser autrement.

Cela dit, le métissage, bien sûr, nécessite une proximité et une vie de voisinage. Tant qu'il s'agissait de mondes distants, avant l'épisode de la mondialisation du XVIe siècle, on pouvait observer des différences extrêmes entre les populations. Si des petites populations ayant une très grande homogénéité génétique, par exemple après une catastrophe lors d'un goulot d'étranglement de l'évolution, se développent sur des continents différents et donc séparés du reste du monde, ce qui était le cas avant le XVIe siècle, leur apparence sera très divergente par rapport aux autres. Ces différences sont liées à l'isolement géographique. Mais après quelques années de vie au contact les uns des autres, les métissages se créent et les barrières des couleurs de peau disparaissent. Ainsi, aux États-Unis, il est très difficile de trouver des individus qui n'ont pas été métissés, sauf parmi les immigrés récents.

Les hommes qui ont toujours peur au début des changements sont effrayés par la différence mais un phénomène d'accoutumance naturel se produit. Dans les années 1960, la couverture du journal *Planète* avait fait un grand scandale en France car elle représentait le ventre d'une femme à la peau claire, sa main posée dessus et croisée avec celle d'un Africain. Dix ans plus tard, les premiers couples mixtes créaient encore une certaine surprise et des regards dans la rue. Aujourd'hui, au moins dans les grandes métropoles comme Marseille, ils ne suscitent plus de réaction, la mixité est entrée naturellement dans les mœurs.

Une fois de plus, l'apparition d'un nouvel outil a bouleversé la théorie. Quand l'outil génétique est venu remplacer l'outil visuel, on s'est rendu compte que la couleur foncée n'avait pas une signification génétique définitive, les théories racistes n'avaient plus d'accroche. Certains pensent que les gens à la peau foncée ont une origine commune, ce qui est faux. En effet les Indiens du sud de l'Inde sont aussi foncés de peau que les Africains mais sont totalement différents d'un point de vue génétique, tandis que les Mélanésiens (terme qui signifie « peau noire », en grec), les habitants des îles du Pacifique comme la Nouvelle-Calédonie et la Papouasie-Nouvelle-Guinée, qui ont une des peaux les plus foncées au monde, sont très proches génétiquement des Indonésiens et des habitants de l'Asie du Sud. Encore au XXIe siècle, certains Anglais et Américains pensent que les Mélanésiens sont d'origine africaine. Comme souvent, l'outil purement visuel est discordant avec l'outil génétique qui ne peut pas rendre compte d'une relation simple entre couleur et gènes.

La « race blanche » est un mythe occidental

L'idée de race n'est pas scientifique, encore moins celle de « race blanche », contrairement à ce que certains démagogues continuent d'affirmer à notre époque. Même sans entrer dans un débat politique, on constate que la science démontre le caractère complètement erroné de cette allégation. La seule chose qui existe c'est l'espèce, quand un mâle et une femelle peuvent s'accoupler en donnant des enfants fertiles. Il y a donc une seule espèce humaine.

La clarté de la peau a souvent été considérée comme étant un élément aristocratique en Europe et également en Chine, car pendant longtemps le monde a été dominé par les habitants des zones tempérées qui avaient la peau claire. Jusqu'au XIXe siècle et encore actuellement en Chine, les femmes des classes aisées évitent l'exposition solaire, car le teint clair reste chez eux un critère d'évaluation du rang social.

La définition d'une peau « blanche » est pourtant une illusion. De fait le blanc et le noir ne sont pas des couleurs. On apprenait à mon époque à l'école qu'il y avait trois couleurs de base, le bleu, le rouge et le jaune, que l'arc-en-ciel va du rouge au violet, que le noir c'est l'absence de couleur et le blanc un éclairage aveuglant. Quand on ne voit plus au-delà du violet, c'est le blanc, et en deçà du rouge c'est le noir. Il suffit de regarder une feuille de papier « blanche », en réalité il y a des reflets variés et de multiples nuances de gris. Le blanc reflète toujours quelque chose, et ce fut la leçon des grands maîtres de la peinture du XIXe siècle, comme Paul

Gauguin. D'ailleurs dans les textes scientifiques actuels on n'emploie plus le terme peau « blanche » ou « noire » mais peau « claire » et « foncée ». Si vous placez votre main sur une feuille de papier, vous constaterez aisément que votre peau est très colorée ! Si vous avez la peau claire, sa teinte varie du rose au beige foncé. La peau « noire » n'existe pas non plus mais recouvre une gamme allant de l'ocre clair ou marron foncé. Et bien entendu, les peaux « jaunes » et les peaux « rouges » sont aussi des vues de l'esprit. En pratique, on ne peut séparer les humains en se basant sur la couleur de peau. C'est une aberration autant d'un point de vue biologique que chromatique.

La clarté du teint humain diffère selon la géographie, l'exposition solaire et les saisons. Au milieu de l'été, ma main est plus foncée que celle de l'ancienne nourrice de ma femme qui est une métisse martiniquaise (avec des origines africaine, indienne des Caraïbes et européenne) appelée « noire » ! Penser qu'il existe une couleur de peau uniforme est vraiment un aveuglement : enlevez votre maillot de bain l'été, vous le verrez ! Pour se rendre compte de l'absurdité de la dichotomie blanc/noir, il suffit de traverser l'Algérie du nord au sud, pour passer d'une population à la peau très claire à une population entièrement sombre, sans limite nette à aucun endroit.

Au final, on peut parler de races de chiens ou de chevaux car leur reproduction peut être contrôlée par l'Homme. Mais une telle chose n'existe pas chez l'Homme, les êtres humains sont tous des « bâtards » en quelque sorte, très mélangés et appartenant à une espèce unique. Les données génétiques sur les premiers hommes confirment que le métissage est consubstantiel au développement de l'humanité. Nous avons des ancêtres Cro-Magnon, Neandertal, Denisova et d'autres non encore identifiés. En représentant dans le passé Cro-Magnon en homme blanc et Neandertal, que nous croyions archaïque, en noir, nous avons largement participé à la propagation de stéréotypes, aussi stupides soient-ils.

– 8 –

NOUS SOMMES TOUS LES PRODUITS D'UN PERPÉTUEL MÉTISSAGE !

Aujourd'hui n'ayez plus peur du métissage ! Celui-ci est si ancien ! La science et la génétique révèlent que c'est la nature même des hommes et des écosystèmes d'être en transformation permanente et de se mélanger, tout simplement pour survivre. Le métissage, même s'il va s'accentuer avec la mondialisation, n'est vraiment pas un phénomène nouveau. Neandertal a croisé Cro-Magnon, les bacchanales et carnavals de jadis, par les copulations qu'ils généraient, ont permis de redistribuer les gènes entre différentes populations, tout comme les viols et les adultères.

Il n'y a pas de Français « de souche » parce que les sources de ce que nous sommes sont incroyablement complexes. Tous les Français sont des descendants d'immigrés puisque notre pays a toujours été une terre de passage. En outre, les frontières de la France n'ont cessé d'évoluer avec le temps. La « France éternelle » est un fantasme nostalgique d'intellectuels réactionnaires !

Les origines de la France peuvent ainsi être représentées sous la forme d'un rhizome ou d'un mycélium (les ramifications complexes et souterraines des champignons). Le citoyen français moderne en serait seulement la partie émergée dont l'apparence ne laisse pas paraître le foisonnement énorme des ancêtres.

*

* *

Les mélanges ont toujours eu lieu entre populations humaines. Sauf en cas d'isolement purement géographique, les hommes ne se reproduisent pas qu'au sein du même clan. Une des raisons à cela est une divergence radicale dans les critères de choix de partenaires entre les hommes et les femmes. Pendant longtemps, les hommes ont eu tendance à désirer les femmes jeunes et attirantes, quelle que soit leur origine sociale ou ethnique, tandis que les femmes recherchaient avant tout des hommes de rang social plus élevé, capables d'élever les enfants pour assurer la survie de leur famille. Cela a donc permis une mixité sociale et une redistribution des traits physiques puisque des hommes laids et riches pouvaient ainsi se reproduire avec de belles femmes.

Tant que les femmes passaient plus de la moitié de leur vie à procréer et élever leurs enfants et que les hommes devaient travailler pendant ce temps-là, cette théorie s'est vérifiée. Si les deux sexes avaient eu les mêmes goûts, cela aurait conduit à une uniformisation des caractères. C'est en partie ce qui s'est passé au sein de la noblesse et de la monarchie européennes puisque les membres de cette aristocratie se sont mariés entre eux. S'ils avaient continué deux mille ans, ils auraient fini par ne plus être compatibles. Si tous les hommes étaient attirés par les femmes grandes, blondes aux yeux bleus et que ces mêmes femmes désiraient aussi les hommes grands, blonds aux yeux bleus, cela aurait créé une sous-espèce humaine. Mais cela ne se passe pas comme cela. Le métissage permanent de l'espèce humaine permet d'avoir une population variée, pas une sous-espèce déterminée.

Les périodes de carnaval, héritées des bacchanales de l'Antiquité, ont également été des moments propices à la redistribution des gènes dans la population. Ces fêtes orgiaques, au cours desquelles les barrières et les règles sociales s'effacent, ont eu lieu de tout temps. Pendant plusieurs jours, les habitants se saoulent et s'accouplent avec différents partenaires. Avant la généralisation de la contraception au XXe siècle, ces divertissements ont donné lieu à de nombreux métissages. Ainsi, neuf mois après le carnaval de Rio une poussée de la natalité a été observée, les inhibitions étant abolies durant ces festivités.

Par ailleurs, ne sous-estimons pas l'importance des viols dans les mélanges de populations au cours de l'Histoire. Ce n'est plus politiquement correct d'en parler aujourd'hui mais il faut se rendre compte que nos ancêtres passaient leur temps à faire la guerre et que de nombreux métis ont été engendrés suite aux viols des femmes des peuples vaincus.

Ainsi l'homme de Neandertal aurait naturellement (dans cette optique !) transmis ses gènes à l'homme moderne par le viol. Cette idée me semble corroborée par le fait que Neandertal et Cro-Magnon avaient des apparences physiques et des cultures probablement très différentes, ce qui a dû représenter un frein pour des rencontres pacifiques. Un autre argument est apporté par la génétique. Une surreprésentation des gènes de Cro-Magnon d'origine féminine, en particulier sur le chromosome X, a été observée dans le génome actuel des humains. S'il y avait eu autant de femmes Neandertal qui avaient eu des enfants avec des hommes Cro-Magnon qu'inversement, ce rapport aurait été plus équilibré. Cette matrilinéarité de l'homme moderne laisse volontiers penser que les hommes Neandertal violaient les femmes Cro-Magnon.

En outre, la particularité matrilinéaire du judaïsme (système de filiation où seule l'ascendance maternelle est prise en compte) est liée à l'importance des viols des femmes juives par les Romains pendant la guerre de Judée. Jusqu'à l'arrivée des Romains, un Juif devait avoir un père et une mère juifs, mais la soldatesque romaine a si largement abusé du viol de femmes juives qu'il a fallu trouver un moyen pour que les enfants issus de ces viols puissent être élevés et acceptés par les familles juives. Il a alors été décrété qu'avoir une mère juive suffisait pour être considéré comme Juif. C'est donc le viol qui a transformé le sens de l'origine chez les Juifs !

À la fin de la Seconde Guerre mondiale, les femmes allemandes elles aussi ont été massivement violées, en particulier par les soldats de l'Armée rouge. D'ailleurs Svetlana Alexievitch, prix Nobel de littérature 2015, écrit dans son livre *La Fin de l'homme rouge*[1] que les Russes racontent entre eux que tous les Allemands nés en 1946 sont des enfants de Russes. Plus récemment, la secte islamiste Boko Haram a perpétré des milliers de viols sur des femmes et des jeunes filles au Nigeria. Aujourd'hui le droit à l'avortement et la contraception dans les pays développés limitent les métissages liés aux viols qu'autrefois seul l'infanticide pouvait tempérer.

Bien entendu, l'adultère aussi a contribué au métissage humain. Il existe une tradition fort instructive à ce sujet chez les Mozabites, une ethnie berbère vivant dans la région de Ghardaïa, à la limite du désert en Algérie. Dans le passé, les hommes de cette population – de grands commerçants – partaient un ou deux ans en laissant leurs femmes seules, ce qui a conduit à de nombreux rapports sexuels hors mariage. Ghardaïa de ce fait a été qualifiée de « bordel » de l'Algérie. Afin de protéger les femmes adultères et les enfants conçus en l'absence du mari, la croyance populaire de « l'enfant endormi » s'est développée. D'après ce mythe, l'enfant est bien conçu par le père légitime mais il « s'endort » dans le ventre de sa mère, au-delà de la durée habituelle d'une grossesse, en attendant le retour du mari pour venir au monde. Ce qui permettait de légitimer les enfants nés plus de neuf mois après le départ du mari.

Enfin de nos jours – et fort heureusement – l'acceptation des différences et des origines diverses permet aux êtres humains de se « métisser » de façon beaucoup plus

1. Svetlana Alexievitch, *La Fin de l'homme rouge*, Actes Sud, 2013.

romantique, par le simple fait d'une attirance mutuelle. Les différences, les origines de chacun ne posent plus les problèmes d'autrefois et le métissage des humains devient un choix « amoureux » ou le désir rentre en jeu.

Les « Français de souche » n'existent pas !

La notion de « Français de souche » est un autre mythe de notre société. Ce terme est utilisé aujourd'hui par tout le monde y compris le président socialiste de la République, François Hollande. C'est une bêtise historiquement et géographiquement mais aussi génétiquement. C'est un terme utilisé par pure reconnaissance pour certains et par stupidité pour d'autres.

La question qui se pose : que signifie « être français » ? Certainement pas que ses deux parents sont nés en France ni que l'on est né dans l'Hexagone. D'ailleurs parmi les souverains de l'histoire de France les plus marquants, aucun n'était « français de souche » car aucun n'avait une origine française unique ! Napoléon est né juste après l'acquisition de la Corse par la France, de deux parents génois ; Louis XIV avait parmi ses seize quartiers de noblesse un seul ancêtre français, Charlemagne était allemand et Clovis était un Allemand vivant en Belgique. Dans les monarchies, les rois se marient entre eux ou font des alliances, l'origine nationale n'est pas importante, aujourd'hui c'est le sang noble qui compte et l'origine sociale.

Les outils modernes d'analyse génomique révèlent que nous sommes tous des mélanges issus de différentes zones géographiques. Si vous voulez connaître vos origines génétiques, vous pouvez envoyer un échantillon de votre salive à l'entreprise californienne 23andMe, elle vous donnera des résultats surprenants. Vous pourrez y voir vos ascendances slaves, italiennes, africaines, etc. La méthode s'appuie sur l'analyse de centaines de milliers de mutations sur différents gènes. Chaque individu est doté d'une empreinte génétique unique. Les scientifiques comparent cette empreinte avec des banques de données internationales afin de déterminer la séquence des rapprochements avec d'autres populations. Si elle est plus présente dans la population suédoise, la personne testée est vraisemblablement d'origine suédoise.

Au-delà de la connaissance de vos ancêtres, 23andMe propose une forme de médecine prédictive basée sur l'analyse de certains gènes clés, en indiquant vos risques éventuels sur le plan cardiovasculaire, en matière de cancer, de dépendances (tabac, alcool...) et autres. Par ailleurs, si l'on faisait faire à tous les Français le test de 23andMe, on s'apercevrait que chacun de nous est métissé à un degré plus ou moins grand. L'engouement actuel pour la recherche généalogique devrait d'ailleurs amener chacun à se rendre compte de la multiplicité de ses origines.

J'ai moi-même réalisé un test similaire par la méthode de séquençage des gènes HLA. Le typage HLA – ou « complexe majeur d'histocompatibilité » – est une zone du génome extrêmement variable selon les individus et utilisée pour tester la compatibilité des greffes entre donneur et receveur. Le typage HLA est une carte d'identité génétique, à l'instar des empreintes digitales, qui permet de discriminer des groupes humains selon leur origine. Le résultat de mon test m'a beaucoup amusé. Né en Afrique et vivant à Marseille, je me sens depuis toujours méditerranéen. La généalogie au contraire en est fort éloignée, les familles de mes parents sont issues respectivement de Normandie et du nord de la Bretagne. Et génétiquement, 75 % de mes origines seraient scandinaves : ce qui fait de moi un être issu d'envahisseurs normands et vikings. Pourtant rien en moi ne transpire de la culture du nord de l'Europe. Cela est un bon exemple pour montrer que ce sont d'abord la culture et le langage qui fondent notre identité. Personnellement, en dépit de mon décodage génétique, je me sens plus proche d'un Algérien francophone que d'un Scandinave.

Ces tests génétiques dévoilent que tous les individus ont des origines en mosaïque, même si chacun a une dominante, évidemment. Dans les grandes zones de passage des mouvements de l'Histoire, comme la France ou la Turquie, les individus sont bien plus mélangés qu'ailleurs. En revanche, certaines populations restées sous forme d'isolat plus longtemps, comme les Scandinaves, les Basques, ou les Juifs ashkénazes confinés dans les ghettos en Europe centrale et de l'Est pendant plusieurs siècles, présentent des origines plus uniformes. Mais plus le temps passe, plus il va devenir difficile de déterminer nos origines car la mondialisation accroît et accélère les métissages.

Quant à ceux que l'arrivée de migrants en Europe inquiète aujourd'hui, qu'ils n'oublient pas que tous les écosystèmes sont instables et qu'ils ne vivent que de courtes périodes de relative stabilité. Les mouvements de populations ont toujours existé, souvent liés à des poussées démographiques. Et tout comme le prévoit la mécanique des fluides, les habitants d'une région jeune et très densément peuplée se déplacent vers des pays moins peuplés et vieillissants. Le dynamisme va toujours du côté de la jeunesse et ce phénomène est inarrêtable. Nous avons notamment l'exemple de la hausse démographique qui a poussé les Européens à conquérir le monde à partir du XVIe siècle.

Non, nos ancêtres ne sont pas les Gaulois !

La France est peuplée de migrants et de leurs descendants. Les Gaulois ne furent qu'un peuple parmi les autres envahisseurs venus de l'est, arrivés assez tardivement sur des terres déjà occupées par des tribus primitives. Ils ne sont donc pas nos ancêtres mais une petite partie d'une vague migratoire ! Il faut relire l'Histoire...

La notion de France est une notion fluctuante et mal définie. La France pour moi se définit par l'ensemble des personnes qui y parlent français et je pense qu'il est difficile d'en donner une définition plus précise. Les Français adorent croire qu'avant d'être une province romaine, la France était une entité historique et géographique habitée par des Gaulois, mais c'est un fantasme relativement tardif. C'est Jules Michelet, au XIXe siècle, qui a diffusé jusqu'aux colonies d'outre-mer son *Histoire de France* romancée et en particulier le mythe des ancêtres gaulois qui est une grande erreur d'un point de vue historique. Il suffit de lire *La Guerre des Gaules* de César pour comprendre que, sur le territoire géographique de ce qui sera plus tard la France, pas une seule ethnie ne dominait au temps de la conquête romaine : il y avait des Asiatiques grecophones au bord de la Méditerranée et des Phéniciens (qui étaient passés par Carthage avant de coloniser la Corse et le sud de la France), des Celtes installés depuis aussi longtemps dans le Nord, et de nombreuses tribus qui se battaient entre elles. Un article, sorti dans *Nature* en 2016, montre que la plupart des Européens contemporains sont des descendants de tribus issues d'Anatolie (actuelle Turquie) au néolithique. La majorité de nos ancêtres étaient donc des Turcs ! Cet espace géographique sera ensuite colonisé par les Romains, envahi par les Huns, puis colonisé par les Germains, les Bretons, les Arabes, puis envahi par les Scandinaves, puis il recevra des émigrés espagnols, polonais, italiens, africains, entre autres.

Les Celtes, une tribu barbare, ont déferlé sur la France puis sur l'Italie, la Grèce et jusqu'en Turquie (les Galates) puis ont reflué et occupé une partie de l'Italie, de la Belgique, de la Suisse et de l'actuelle France, où ils seront appelés Gaulois. Cela n'a pas duré longtemps, y compris dans ce que nous appelons la France actuellement. Les territoires étaient partagés entre la Gaule Narbonnaise (littoral méditerranéen grécophone incluant l'Italie du Nord), la Gaule Armorique, la Gaule Aquitaine (avec une partie de l'Espagne) et la Gaule Celtique (incluant la Suisse), la Gaule Belgique et la Gaule Cisalpine. Il s'agissait surtout d'une civilisation non urbaine, inculte, sans écriture, faite de tribus guerrières dont la contribution à l'histoire de l'humanité fut extraordinairement faible.

Quoi qu'il en soit, cette identité gauloise est née de l'idée de résistance contre l'extérieur, en particulier contre Rome. L'enseignement du latin pendant des siècles a amené à faire croire aux Français qu'ils avaient la pugnacité décrite par César dans son livre, alors que ces descriptions sont pour la plupart purement et simplement des éléments de manipulation destinés à faire paraître l'auteur encore plus grand qu'il n'était déjà, ce qui est difficile, vu que c'était un homme d'une dimension hors du commun. Ce fantasme gaulois, alors que notre langue et notre culture n'ont retenu que très peu de choses de cet épisode qui s'est déroulé sur cinq à six siècles, est resté ancré dans les mémoires comme une identité à opposer à Rome, en dépit du fait que notre langue est originairement essentiellement latine.

Ultérieurement, les Francs, qui ont donné leur nom à notre pays – des étrangers d'origine germanique venus par la Belgique –, ont cristallisé un moment notre histoire. D'une part ils ont converti notre pays au christianisme « orthodoxe » de Clovis (en opposition au christianisme arianiste), et d'autre part, en sanctuarisant ainsi la nouvelle aristocratie barbare allemande des nomades contre les villes, ils ont marqué la fin de la civilisation urbaine romaine, de toute la culture et de toute la connaissance. Pendant dix siècles, ces barbares ont détruit toute la littérature ancienne, les villes, les aqueducs et la notion d'hygiène, au cours de guerres perpétuelles entre des seigneurs locaux qui s'inventaient des généalogies fantasques pour magnifier leur source génétique. La Bretagne n'a jamais été colonisée par les Francs (alors ce ne sont pas de vrais Français ?) mais par les Romains pendant 500 ans, puis au sud par les Bretons celtophones venus du sud de l'Angleterre. Les Celtes, chassés par les Saxons de Grande-Bretagne, ont importé en Armorique (Bretagne), en s'y installant, une langue celtique, le breton, maintenant partagée par les zones non envahies par les Saxons et les Francs (pays de Galles, Écosse, Irlande).

Une autre étape surprenante de notre histoire fut le règne de Charlemagne, à la fois roi allemand et français, qui se fit couronner empereur de l'Empire romain alors qu'il était analphabète ! Les exégètes du haut Moyen Âge se moquent de nous en voulant nous faire croire à un Moyen Âge cultivé. Cette époque fut un désastre phénoménal sur le plan de la civilisation et de la culture. Sur 1 000 ouvrages littéraires, 999 ont probablement disparu car personne ne les lisait plus et seuls les moines transcrivaient ce qui était compatible avec la vision de l'Église chrétienne de l'époque. Bien sûr, sous Charlemagne, la France n'existait pas. Ses enfants se sont partagés trois royaumes et la France, dans ses frontières actuelles, a longtemps oscillé entre ce qui était breton, entre la Bourgogne et la Lorraine (ou Lotharingie) qui ont fait l'objet de disputes jusqu'à Louis XIV, et entre la Provence et le Sud-Ouest envahis par les Arabes qui ont fait l'objet du nouveau roman de la France avec la bataille de Poitiers où Charles Martel arrêta la conquête arabe. Ensuite l'invasion de l'ouest de la France par les Normands puis la conquête par ces Normands francisés et latinisés de l'Angleterre ont posé la question d'un royaume commun entre l'Angleterre et la France. Cela s'est soldé par la guerre de Cent Ans, pendant la première partie de laquelle tout le monde parlait français et qui ne traduisait guère qu'un conflit de pouvoir entre des princes issus d'alliances en partie consanguines. Les soldats étaient des mercenaires parlant français issus majoritairement de Bretagne et de Gascogne et travaillant indifféremment d'un côté ou de l'autre. À la fin de cette guerre, ces troupes de soudards, de violeurs et de pilleurs inoccupées ont représenté un problème et ont finalement été envoyées en Espagne pour aider à la Reconquista en luttant contre les Arabes.

La suite de l'histoire fut le lent établissement des Capétiens, avec le succès incontestable de leurs conquêtes successives de la Provence, de la Bretagne, de la Lorraine, de la Bourgogne et tardivement de la Corse, juste avant la Révolution française. Tout cela s'est fait dans le cadre d'une guerre civile violente, en partie destinée à supprimer les langues alternatives, le combat de la langue d'oïl et de la langue d'oc ayant pris – comme souvent – l'allure d'une querelle religieuse, alors qu'il n'était en réalité qu'une querelle de civilisation. Enfin la Révolution et Bonaparte ont voulu créer une nation homogène parlant la même langue. Bientôt les langues territoriales furent interdites, la dernière, qui est encore bien parlée par les habitants, est le corse, avec les épisodes récents qui doivent nous rappeler que le français n'a été imposé que par la force aux différentes provinces.

*

* *

En même temps que la France se crée avec une langue commune et un passé commun, de faux liens limitrophes et historiques communs, elle s'étend progressivement à l'outre-mer et en Algérie. Pour Louis-Philippe, tous les habitants de ces contrées éloignées étaient français par définition car sujets du roi. Bien avant, le Sénégal avait déjà fait l'objet de la création de comptoirs qui envoyaient des représentants, y compris des députés, à l'Assemblée conventionnelle. D'autres comptoirs ont également été ouverts en Inde, à l'instar de Pondichéry, et en Chine, et des extensions faites en Amérique du Nord, en particulier au Québec et en Louisiane, dans les Antilles et dans le Pacifique. Tout cela a engendré des habitants francophones dont la nature françaisc ou non n'a pas cessé de poser des problèmes durant le dernier siècle. Ainsi définir ce qu'est la France aujourd'hui est impossible. Géographiquement, c'est d'une part l'Hexagone, appelé aussi métropole, et d'autre part l'ancien empire, c'est-à-dire les lieux de la francophonie, certains appellent cela des poussières d'empire : les Comores, la Polynésie, la Guadeloupe, la Martinique, Saint-Pierre-et-Miquelon, etc. L'Histoire ne s'est pas résumée à l'Hexagone !

En réalité l'histoire de France est une caricature de l'histoire de l'évolution faite de mouvements évolutifs brutaux comme l'invasion par les Romains ou l'expansion coloniale, et de mouvements évolutifs plus progressifs qui participent à l'histoire de France qu'on le veuille au non. Les anciens ministres africains Léopold Senghor et Félix Houphouët-Boigny, avant de devenir des chefs d'État dans leur pays, ont été des membres de notre gouvernement. Pendant longtemps, nous avons eu un président du Sénat guyanais, Gaston Monnerville : secrétaire d'État en 1934 (ce qui avait été critiqué par Hitler), il a singulièrement aidé à la reconstruction de la France après la Seconde Guerre mondiale. « Ça fait d'excellents Français », comme le chantait Maurice Chevalier. On ne peut pas définir la France à travers un prisme étroit qui néglige ces faits de l'Histoire.

L'histoire de Marseille est particulièrement significative à cet égard. Cette ville rebelle, on peut l'imaginer, déplaisait au plus haut point aux nazis qui ont ordonné la destruction de la Vieille Ville, au prétexte qu'elle était « pourrie ». Celui qui a mis cet ordre à exécution était un préfet de la haute administration française, René Bousquet, qui, comme tout collaborateur, a obéi avec le sentiment du devoir accompli. Il a ordonné la destruction d'une partie de la ville de Marseille, qui a été libérée peu de temps après par Joseph Jean de Goislard de Monsabert, un aristocrate, général à la tête des soldats arabes d'Algérie et du Maroc, les tirailleurs et les goumiers. Voilà ce qu'est vraiment l'histoire de la France ! Tenter de la simplifier alimente des combats qui n'ont pas de sens.

L'ÉVOLUTION DE LA LANGUE FRANÇAISE : PAS DU TOUT DARWINIENNE

La langue française reflète nos origines diverses avec des mots latins, hollandais et arabes et continue d'ailleurs d'évoluer.

L'évolution des langues est un modèle d'analyse scientifique tout à fait remarquable. Certains auteurs, en particulier ceux qui ont le plus publié ces dix dernières années dans les meilleurs journaux dont *Science* et *Nature*, ont voulu définir le langage avec un modèle darwinien. Les outils utilisés, la construction d'arbres phylogéniques, ne laissaient pas d'autre opportunité. Il se trouve que l'un de mes bons amis, un des plus grands chercheurs mondiaux dans le domaine de l'analyse génétique, américain vivant en Allemagne, a été amené à faire la réanalyse de ces données dont il m'a confié récemment qu'elles avaient été entièrement truquées pour arriver à une analyse de type darwinien. En réalité il est assez facile de voir que l'évolution des langues n'est pas du tout darwinienne. Par exemple, l'anglais est fait d'un métissage absolu entre le français et le saxon, une langue d'origine germanique : un enrichissement linguistique. L'anglais est, des langues européennes, celle qui a le plus de vocabulaire du fait de pratiquement deux dénominations pour chaque chose, et la puissance comme l'étendue de son répertoire nous expliquent pourquoi on peut écrire une page en anglais qui sera de 20 à 30 % moins longue traduite en français.

Par ailleurs, dans le français, l'origine latine est prépondérante, même si la langue a été modifiée à la suite de toutes les invasions et des importations du passé. Ainsi les éléments astrologiques, comme le « zénith » et le « nadir[1] », viennent des Arabes qui ont inventé l'astrologie, mais nous leur devons aussi de nombreux termes mathématiques tel le « zéro » par exemple. Beaucoup de vocabulaire marin vient de Hollande et ainsi de suite… Notre langage a une architecture au sens de Gould, c'est-à-dire difficile à transgresser, principalement d'origine latine, avec du vocabulaire d'origine externe pour une partie, certains mots faisant d'ailleurs des allers-retours. Le terme « tennis » est un exemple fameux. Il a dérivé du français « tenez », le terme que l'on prononçait quand on lançait la balle au jeu de paume (au tennis, on dit maintenant « prêt ! »). Ce « tenez » a donné *tennis* en anglais, mot qui a été ensuite réimporté chez nous. On pourrait multiplier les exemples de cette nature pour montrer que bien entendu le langage évolue, comme tout ce qui a évolué, avec une architecture relativement stable et des apports permanents, parfois des transferts latéraux violents, bouleversant le langage en ajoutant des éléments totalement nouveaux, comme cela a été le cas pour l'anglais, parfois des événements de glissement – la transformation de mots latins en mots français comme « seignorem » qui a donné « monseigneur » puis « monsieur » – qui représentent des mutations. Comme à chaque fois que l'on accepte de regarder les choses que nous connaissons à la place des choses que nous devinons, la métaphore darwinienne se révèle fausse. Nous

1. L'opposé du zénith.

sommes le mélange d'une architecture qui a une certaine stabilité pendant un temps sauf événement sporadique, telles une invasion ou une catastrophe qui engendrent les transformations, et des modifications progressives venant à la fois de l'intérieur (au sens darwinien) et de l'extérieur (au sens lamarckien) c'est-à-dire l'importation de termes nouveaux. Nous le voyons encore tous les jours avec la résistance des conservateurs de l'Académie française qui essayent d'empêcher les néologismes et les anglicismes de venir enrichir la langue, en vain. En effet, un néologisme est l'équivalent d'une mutation darwinienne tandis qu'un anglicisme est une importation, un transfert latéral de langage. Le langage illustre bien l'évolution telle qu'on peut l'observer aujourd'hui.

*

* *

Il faut donc cesser de croire que la France est une entité fermée, stable, fixée dans les frontières. Quelques notions d'histoire suffisent pour s'en convaincre. Le Comté de Nice n'était pas français jusqu'en 1860, tout comme la Savoie. L'Alsace a alterné entre une appartenance à l'Allemagne et à la France depuis Louis XIV. En outre, la France n'a pas plus de racines chrétiennes qu'un autre pays. La chrétienté prend ses racines dans l'Empire romain et non pas l'inverse. À titre d'illustration, la ville d'Éphèse (dans l'actuelle Turquie), qui abrita pendant l'Antiquité le célèbre temple de Diane, déesse vierge de la mythologie grecque, est considérée comme le lieu de fin de vie de la Vierge Marie, perpétuant ainsi le culte d'une vierge dans la ville d'Éphèse.

Parler de la « France éternelle » n'a donc pas de sens. Ce concept né de la Révolution et popularisé par l'*Histoire de France* de Jules Michelet est une vision fantaisiste car nos frontières n'ont cessé d'évoluer. L'Algérie était française jusqu'en 1962. L'archipel des Comores a pris son indépendance encore plus tardivement, en 1975. Cette instabilité est vraie pour tous les pays. Regardez l'Allemagne qui a vu ses frontières changer récemment, en 1989, au moment de la réunification et de la chute du mur de Berlin. L'histoire de France telle qu'enseignée dans les écoles est un grand mythe. Mais il est difficile de s'extraire de cette mythologie, en particulier quand elle nous est enseignée dès le plus jeune âge. D'où l'importance des philosophes postmodernes qui incitent à déconstruire la théorie dominante.

Par ailleurs, l'idée de diviser le continent eurasiatique est née de la vision des Grecs, qui ont nommé Europe tout ce qui était à l'ouest de la Grèce, et Asie ce qui était à l'est. Ces deux mondes grecs, le monde ionien et celui de l'Attique séparés par les Carpates et le détroit des Dardanelles, avaient des modes de vie différents. Mais si vous regardez une mappemonde, on ne voit qu'un seul continent, celui de l'Eurasie ! De l'Allemagne à l'Extrême-Orient russe il n'y a pas de frontière naturelle. La définition de l'Europe est donc restée, en dépit du fait qu'elle ne correspond pas à une vérité géographique.

La francophonie plutôt que l'Europe ?

Ni les origines ethniques ni une zone géographique ne peuvent être utilisées pour définir l'appartenance à un pays. En revanche, je pense que la langue et la culture jouent un rôle primordial. Je le constate dans mon métier d'enseignant chercheur. Le langage structure la pensée. Bien que je parle couramment anglais et que je donne des cours et des conférences dans cette langue, je pense comme un Français. Je me sens plus proche de personnes, même éloignées, qui parlent la même langue que moi que des Européens qui parlent une langue différente. Parmi mes étudiants, j'observe que les Algériens et les Sénégalais ont des raisonnements et des types de relations humaines et sociales similaires aux miens, à l'inverse des Anglais et des Allemands. Dans mon mode de pensée, je me sens plus proche des personnes qui vivent sur le pourtour méditerranéen et qui s'expriment en français, comme les Algériens, que des Allemands. Si on admet que ce qui nous relie n'est pas ethnique mais culturel, en particulier le langage, cela amène à s'interroger sur la viabilité de l'Union européenne (UE). Nous serions plus proches des francophones africains que des Européens. Je ne veux pas insulter l'avenir mais je constate que le niveau d'intégration au sein de l'UE, soixante ans après sa création, n'est pas prodigieux. C'est une vraie question, et je ne suis pas convaincu qu'on ait réussi à tendre, en Europe, vers une culture et une histoire communes. Les événements actuels en réaction aux situations de tension économique ou d'immigration me laissent d'ailleurs penser que ce n'est pas le cas.

Quand je parle de la primauté du langage et de la culture sur les gènes, je souhaite souligner l'idée que si nous sommes génétiquement différents les uns des autres, cela n'empêche pas de partager une culture commune. Et de toute façon, nous sommes nous-mêmes un melting pot d'origines géographiques et génétiques diverses, nous n'avons pas d'homogénéité. Rien ne permet de parler de « race française » par exemple, l'idée étant sous-tendue par la notion de « Français de souche », qui n'existe pas. Et pourtant, la diffusion de cette idée dans la société, de l'extrême droite à la gauche, en passant par la droite, a été spectaculaire ! Je ne souhaite pas un affrontement d'opinions mais plutôt montrer que les éléments à la base de ce raisonnement sont faux. Il faut aider les gens à être lucides sur leurs origines. Et à se défier des politiques qui rejettent les différences, veulent interdire l'immigration et les métissages ! Parmi les victimes d'Hitler, à côté des Juifs, il y avait aussi, entre autres, les handicapés et les Gitans. L'intolérance au mode de vie nomade et les préjugés envers les Tziganes perdurent lourdement aujourd'hui dans notre société.

De la xénophobie et de l'égophobie

La xénophobie est une réaction relativement naturelle face à quelque chose d'extérieur et d'étranger. Elle se décline sous différentes formes, le racisme, l'intolérance religieuse, la haine des nomades et la haine des étrangers. Mais ce qui est plus étonnant de mon point de vue et qui témoigne d'une absence de lucidité concernant ses origines et rejoint notre réflexion sur l'évolution, c'est la haine d'une partie de soi, c'est-à-dire ce que j'appelle l'égophobie.

Il est très frappant – et j'ai eu l'occasion de l'observer

plusieurs fois au cours de ma vie personnelle et professionnelle – que des enfants d'immigrés arrivés pour des raisons diverses en France soient parmi les plus intolérants concernant l'immigration. Quand j'étais à l'hôpital dans les quartiers nord de Marseille, la population était faite d'immigrés de deuxième génération (Italiens, Espagnols) qui étaient extraordinairement hostiles aux dernières vagues d'immigration, alors que plus jeune, en particulier quand j'habitais en région parisienne, j'avais entendu moquer leurs noms qui se terminaient par o, i, a, ou sky pour les Polonais. J'ai souvent exprimé cette hostilité des immigrés de deuxième génération envers les nouveaux venus par l'idée du « dernier rentré ferme la porte ».

Cela devient parfois gênant quand ces discours sont véhiculés par des politiques enfants de l'immigration, qui témoignent d'un rare aveuglement sur leurs propres racines en adhérant à une vision simple du type « j'y suis et de toute éternité », contre toute lucidité éclairée par l'évolution et la généalogie. Ainsi telle femme politique dont le grand-père était un immigré italien qui explique ce qu'est la nature de la « race française » ; tel cet autre, enfant d'immigrés hongrois, qui explique que la France ne peut pas contenir d'autres immigrés, ou encore cet enfant d'immigrés espagnols qui tient le même discours, et cela est observable au plus haut niveau de l'État.

*

* *

Il est important de se souvenir que ceux qui ont bâti l'histoire de France avaient souvent des origines extérieures à la France mais surtout il est nécessaire, et ce livre voudrait y participer, que les humains deviennent ou comprennent ce qu'ils sont. Être soi-même, accepter ce que l'on est et ce que l'on a été, est bien sûr l'objectif des philosophies épicurienne et stoïcienne. On aurait bien besoin de s'en souvenir aujourd'hui quand on entend les querelles vis-à-vis de l'immigration portées par des enfants d'immigrés, ou qu'on voit la pensée de 1968 remise en cause par ceux-là mêmes qui en ont été un temps les véhicules. Parmi les pires anticommunistes pendant la Seconde Guerre mondiale on peut compter nombre d'anciens communistes, Laval et Doriot, par exemple. Cela devrait amener à réfléchir et à avoir de l'indulgence vis-à-vis de ce qu'on a été, sauf à développer ce complexe d'égophobie que je vois se répandre à une allure folle. Cela est intéressant, en particulier, lorsque l'on relit le discours de Le Pen dans les années 1960 (extrait du *Journal officiel*) qui expliquait le besoin de rendre l'Algérie entièrement française, en arguant de la compatibilité parfaite des musulmans avec les chrétiens dans la nouvelle France et du fait que la démographie de la partie musulmane de l'Algérie aiderait la France à acquérir un nouveau statut. Le reniement de soi risque de conduire au ridicule à notre époque où la durabilité et la traçabilité des écrits sont si importantes. Il faut avoir de l'indulgence pour ce qu'on a été et ce qu'on a dit quand on était jeune pour éviter de proférer des inepties dans tout et son contraire. D'ailleurs, l'évolution avec l'âge de l'optimisme révolutionnaire en conservatisme frileux est si commune que ce n'est guère une preuve d'intelligence, mais au mieux de maturité, au pire de gâtisme.

Questions de « genre » Homme/femme : des différences irréductibles

Au contraire des « races », les différences entre les sexes sont bien réelles et inchangeables. Les « races » n'existent pas parce qu'il est facile, et nous le voyons quotidiennement, en particulier à Marseille, de créer des métis, tandis qu'on ne peut pas faire de métis d'hommes et de femmes !

La discussion sur le rapport entre les sexes depuis le début du XXe siècle a été des plus explosives et des plus difficiles. À mon avis, l'essentiel de la modification de ce rapport entre les hommes et les femmes est lié à des changements sociaux structurels. Comme nous l'avons déjà expliqué, le temps qu'une femme dans le monde occidental passait à faire et élever des enfants était tel que cela ne lui laissait que peu de temps pour faire autre chose, sauf pour celles qui décidaient d'avoir une carrière au lieu d'une famille (cette idée est très bien reprise dans le féminisme moderne américain qui distingue les *carreer oriented women* des autres). La question s'est posée de manière très différente depuis le début du XIXe siècle au moment de la transition démograhique, lorsque l'augmentation de l'espérance de vie associée à une diminution de la mortalité infantile a ramené le temps passé à faire et élever les enfants de 60 à 10 % de la vie des femmes. Dans ces conditions, l'aide à la transition démographique (le planning familial, la contraception, l'avortement) est devenue l'objet du combat des femmes, qui a conduit à leur donner une place différente dans la société (droit de vote, occupation d'activités autrefois réservées aux hommes). Et cela a entraîné naturellement une réflexion sur ce qui était intrinsèque à la nature des femmes et ce qui était culturel. Une problématique complexe. Parmi ceux qui ont posé la question de la manière la plus brutale, Simone de Beauvoir et Judith Butler ont incontestablement permis une saine remise en cause des valeurs dominantes. Toutefois, passé ce besoin nécessaire – « sophiste » – de contredire tout ce qui apparaît comme étant ancré dans les mœurs, il persiste des différences incontestables entre les sexes.

J'ai été particulièrement intéressé par les distinctions que l'on observe dans le domaine des maladies infectieuses. Globalement en médecine, un des éléments qui distinguent les risques entre individus est le fait d'être femme ou homme. Cela s'est vérifié à tous les égards, aussi bien dans l'espérance de vie que dans le risque de faire un infarctus du myocarde ou d'avoir une maladie infectieuse. Nous avons été parmi les premiers à restaurer l'idée que les maladies infectieuses n'étaient pas les mêmes chez les hommes que chez les femmes. Les raisons sont d'abord anatomiques puisque certaines maladies touchent les organes sexuels : les abcès du sein, le cancer du col de l'utérus dû au papillomavirus ou les endométrites (infections de l'utérus) sont propres aux femmes et les infections des testicules ou de la prostate ne surviennent évidemment que chez les hommes. Par ailleurs, nous avons pu observer que la susceptibilité à un certain nombre de maladies infectieuses et leur dangerosité étaient beaucoup plus grandes chez l'homme que chez la femme. Grâce à l'observation et aussi à des modèles expérimentaux, nous avons pu montrer que c'était en particulier dû à la réponse inflammatoire plus faible chez les femmes que chez les hommes, notamment pendant la grossesse. Les hormones féminines pondèrent la réponse inflammatoire aux maladies infectieuses, ce qui fait que celles-ci sont beaucoup plus violentes chez les hommes que chez les femmes. Enfin, la susceptibilité aux maladies infectieuses est très différente en fonction des phases du cycle menstruel. D'ailleurs, l'aspect périodique de la vie hormonale chez les femmes avec l'apparition d'une puberté marquée par les règles et parfois des douleurs prémenstruelles et des modifications de l'humeur, avec la fin de la vie reproductive associée à la ménopause, suivie très souvent de bouffées de chaleur bouleversant leur vie, n'a pas d'équivalent chez l'homme. La vie au masculin est beaucoup plus linéaire et moins modifiée par des bouleversements de type stochastique (puberté, ménopause) ou de type cyclique (règles). L'effet de ces différences est assez peu changeable.

Bien sûr il existe des personnes qui n'ont ni l'identité féminine ni l'identité masculine, mais cela représente une très faible minorité, estimée à 0,3 %. Hormis cette frange infime de la population, les différences restent extrêmement marquées entre les hommes et les femmes, en particulier concernant la taille et la force, cela étant lié à la testostérone, l'hormone masculine, produite en quantité six à dix fois plus élevée chez les hommes. Ainsi ont été introduites depuis plusieurs années des mesures de la testostérone pour permettre de séparer, dans les concours sportifs, les « hommes » des « femmes ». En effet la testostérone a un rôle considérable à la fois dans l'acquisition de la puissance musculaire et pour la concentration, ce qui fait que l'on ne peut pas honnêtement faire concourir les femmes avec les hommes. Si les catégories hommes/femmes étaient abolies, cela amènerait un succès absolu des hommes. Parmi les rares sports partagés, comme l'équitation, en dépit du fait que le nombre de pratiquants soit infiniment plus important chez les femmes que chez les hommes, ce sont les hommes qui neuf fois sur dix remportent les trophées. Cela n'implique aucune « supériorité » masculine, mais signifie simplement qu'il existe deux natures dissemblantes.

En pratique, cette réflexion sur le rapport entre les sexes évolue actuellement avec les archéoféministes et les néoféministes, les premières ayant une tendance égalitariste souhaitant gommer les différences entre les sexes, appelant à leur rescousse autant Freud que Beauvoir, et les autres revendiquant au contraire le féminisme comme étant une forme de supériorité. Certains affirment ainsi que le meilleur taux de réussite des femmes dans le système éducatif et à l'université par rapport aux hommes résulterait d'une prééminence des femmes dans l'éducation. Il se peut que nous soyons au moment de la renverse des pouvoirs masculins. Quant au plafond de verre (la difficulté pour les femmes à obtenir des postes hauts placés dans la hiérarchie encore majoritairement occupés par les hommes), il explosera pour deux raisons, d'une part à cause de la densité féminine dans les niveaux universitaires – on l'a vu lors des dernières élections régionales en France, la position des femmes sur le devant de la scène, naturellement et non pas de manière opportuniste, est au moins aussi forte que celle des hommes – et d'autre part parce qu'il y aura des domaines dans lesquels la nature intrinsèque des femmes favorisera leur place dominante, en particulier la santé. En Russie, il y a depuis cinquante ans plus de médecins femmes que de médecins hommes et dans tous les autres métiers de santé, il y avait déjà avant cela plus de femmes que d'hommes. Le problème est que, pour l'instant, nous n'avons pas réussi à discriminer ce qui est culturel de ce qui est naturel. Nous sommes encore assez ignorants sur ce sujet à part pour quelques exceptions directement liées au taux sanguin de testostérone, comme la capacité de négociation, dont il a été prouvé qu'elle est supérieure chez les hommes, tout comme la force physique et la taille.

La notion de seuil chez l'humain

La dichotomie, la tendance à diviser le monde en deux (oui/non, bien/mal, gauche/droite, inné/acquis) est inhérente à la nature et à la pensée de l'Homme qui est un être symétrique. Or cette vision ne correspond pas la plupart du temps à la réalité, comme nous l'avons vu avec le blanc et le noir pour la couleur de peau. Il est toutefois très difficile d'échapper à notre structure physique et mentale. Seul un effort particulier le permet. Ce fut le génie des penseurs postmodernes français de proposer de la déconstruire. Ce renversement a donné naissance à la théorie du genre qui souhaite déconnecter l'identité sexuelle voulue par un individu et son sexe biologique.

La théorie du genre a néanmoins engendré un excès inverse, celui de remettre complètement en cause la séparation entre homme et femme, ce qui est impossible comme nous venons de le voir. Pour 99,7 % de la population, les différences entre les sexes sont irréductibles. Les 0,3 % restant incluent les hermaphrodites, les transsexuels et les personnes de sexe indéterminé. Chez ces dernières, l'expression du phénotype, c'est-à-dire ce qui est visible, est incompatible avec l'information génétique. Elles peuvent par exemple avoir des cellules dotées du chromosome Y masculin mais qui donnent l'apparence d'une femme, si les testicules ne sécrètent pas de testostérone. C'est en effet la testostérone qui virilise les hommes et sépare les deux sexes. Les embryons qui n'en reçoivent pas auront un corps féminin. En réalité les femmes sont des hommes par défaut ! En d'autres termes, on ne naît pas homme mais on le devient, pour reprendre, au masculin, la célèbre citation de Simone de Beauvoir « On ne naît pas femme, on le devient ».

Hormis pour les sexes, la notion de seuil ne fonctionne pas bien pour l'être humain. Un exemple évident est celui de la taille. En France, une personne est définie comme « naine » si elle mesure en dessous d'un mètre cinquante. Mais il me semble qu'une femme qui mesure 1 m 49 chez son médecin et 1 m 52 avec des talons ne peut pas être « naine » un jour et « normale » le lendemain ! Il n'y a pas de taille seuil pour le nanisme. Dans le groupe des gens de petite taille, d'autres critères entrent en jeu, en particulier des différences morphologiques – un faciès reconnaissable et des jambes courtes –

qui correspondent à un patrimoine génétique spécifique. On ne peut pas les désigner seulement par leur taille, ce ne sont pas des gens petits. Tous les qualitatifs qui séparent les humains d'une manière radicale sont déraisonnables.

– 9 –

LE RÔLE DES CATASTROPHES DANS L'ÉVOLUTION DES ÊTRES VIVANTS ET LES CHANGEMENTS DE POPULATION : PRIMORDIAL

Les cataclysmes, déjà présents dans toutes les mythologies et dans la Bible, ont joué un rôle considérable dans l'évolution du paysage humain. Les guerres et les grandes épidémies du passé ont eu une influence bien plus importante que les petits changements dont on nous menace aujourd'hui.

Certaines populations ont été décimées presque entièrement par des événements imprévus, dont on suppose qu'ils sont en majorité d'origine infectieuse. Ainsi, 90 % de la population amérindienne a été tuée par des maladies importées par les colons européens au XVe siècle. Et pendant la Grande Peste au Moyen Âge, il y a eu près de 90 % de morts dans certaines régions d'Europe.

Le propre des catastrophes, c'est de tuer au hasard. Les survivants ne doivent en général leur survie qu'à la chance. Ces phénomènes sélectionnent donc les individus de façon aléatoire et non pas parce qu'ils sont les plus adaptés, contrairement à ce qu'affirmait Darwin.

L'évolution est une alternance de périodes de croissance des populations et d'homogénéisation des caractères, suivies par des catastrophes qui détruisent une grande partie des individus et des espèces (goulots d'étranglement), puis par de nouvelles phases de créativité et de diversification.

Évolutionnisme et catastrophisme

Si les catastrophes sont présentes dans tous les récits mythiques et religieux, en particulier les déluges, pourquoi Darwin les a-t-il exclues de sa théorie ? La raison est culturelle. Au XIXe siècle, la découverte de fossiles anciens a déstabilisé profondément les fixistes – ceux qui pensaient que Dieu avait créé en sept jours tous les êtres vivants tels qu'ils existent aujourd'hui et qui ne croyaient pas à l'évolution. Ces formes de vie fossiles présentaient des anatomies différentes des espèces modernes. Les scientifiques débattaient entre eux pour savoir s'il s'agissait de formes ancestrales d'espèces vivantes ou de formes de vie ayant disparu au cours de catastrophes. Parmi les partisans de cette dernière hypothèse, les fixistes ont soutenu la « théorie du Déluge » : toutes les formes de vie auraient existé avant le cataclysme mais toutes n'auraient pas pu être sauvées en montant sur l'arche de Noé.

On sait aujourd'hui que les deux hypothèses sont vraies. Une partie des fossiles correspond à des formes de vie ayant disparu et une autre partie à des formes intermédiaires entre un ancêtre lointain et une espèce moderne. Par exemple les oiseaux ont hérité de certaines caractéristiques d'une espèce de dinosaure ailé. En tant que pionnier des évolutionnistes, Darwin était férocement opposé aux catastrophistes. Géologue de formation, le naturaliste anglais a également été influencé par le débat parallèle qui avait lieu concernant l'évolution de la Terre, soit par un glissement progressif (l'érosion par exemple) soit par une succession de désastres. En réalité les deux sont vrais. Darwin a construit sa théorie en opposition avec les catastrophistes, en choisissant l'idée d'une évolution lente et graduelle, par la sélection naturelle de petits caractères. Pour lui, tous les fossiles étaient des formes intermédiaires d'espèces modernes.

Darwin s'est donc trompé. Et nous pourrions connaître le même destin que les dinosaures exterminés il y a 65 millions d'années. Depuis 10 000 ans, nous vivons le sixième épisode de disparition massive de la biodiversité, une sorte de goulot d'étranglement de l'évolution des espèces vivantes. Celle-ci touche beaucoup les mammifères et particulièrement les grands animaux (mammouths, félins) mais aussi les plantes. Différentes thèses tentent de l'expliquer.

Le rôle de l'Homme dans la modification des écosystèmes

On suppose que ce rôle est majeur puisque l'Homme modifie radicalement l'écosystème par ses échanges, ses activités et sa démographie galopante. La présence de l'Homme est ainsi liée à la disparition des grands mammifères comme les grands singes, notamment à cause de la déforestation. Plus près de nous, dans les villes ou les zones périagricoles, il ne reste que de rares mammifères, comme les chiens, les chats et les rats et guère plus dans les campagnes. Cela n'a rien à voir avec la biodiversité des forêts tropicales ou même du désert ! Cette régression de la gamme du vivant s'observe également dans les populations de bactéries et de virus, au moins dans les écosystèmes humanisés. L'Homme est incontestablement un moteur important du changement écologique présent. C'est pourquoi certains ont baptisé anthropocène[1] la période actuelle. Pour l'heure, l'Homme est la cause probable de cette hécatombe des espèces mais il pourrait en devenir la victime demain.

L'Homme est un loup pour l'Homme. Les mouvements humains (invasions, explorations et colonisations) n'ont pas seulement eu des conséquences sur la faune et la flore mais aussi sur les populations humaines. Au XVIe siècle, les explorateurs, les soldats puis les colons européens ont décimé 90 % de la population amérindienne, malgré eux au départ, en apportant sur le continent américain la rougeole et la variole ! On ne sait pas ce que l'Histoire aurait été sans ces disparitions brutales de population. Bien entendu les échanges de germes et de maladies ont lieu dans les deux sens. On pense aujourd'hui que le typhus, dont la première épidémie date du XVIIe siècle en Europe, aurait été importé d'Amérique. Tout comme la syphilis, dont les premières victimes furent les marins de Christophe Colomb, témoignant au

1. Anthropocène : qui concerne les effets de l'activité humaine sur la planète.

passage de rapports sexuels avec les populations indigènes. Les maladies évoluent toutefois, la syphilis d'aujourd'hui au temps des antibiotiques n'a plus rien à voir avec celle de la Renaissance (maladie rapidement mortelle) ni avec la syphilis du XIXe qui étaient beaucoup plus redoutables.

LE RÔLE DES ÉPIDÉMIES

Quelques siècles plus tôt, bien avant l'arrivée des premiers Européens en Amérique, les Amérindiens avaient déjà vécu une période de reflux avec la disparition d'une partie très importante de leur population, sans doute liée à des épidémies. Quand on analyse la distance génétique entre les descendants modernes de ces peuples, on s'aperçoit que leur proximité généalogique est très forte, ce qui suppose que leurs ancêtres étaient un petit nombre d'individus ayant survécu à une catastrophe. De fait, l'évolution tend spontanément vers le métissage et la diversification, car moins il y a de recombinaisons génétiques dans une population, plus les ancêtres communs sont proches. Lorsque des catastrophes réduisent brutalement la population à quelques individus, elles favorisent une population nouvelle plus homogène.

La peste

Les deux épidémies de peste meurtrières qui ont frappé l'Europe ont également eu des conséquences majeures sur l'histoire de notre civilisation. La première, la peste de Justinien, a mis fin à la tentative de reconquête de l'Empire romain par l'empereur byzantin qui lui a donné son nom en affaiblissant son armée qui tentait de reprendre l'ouest de l'Europe à partir de l'Italie. L'épidémie, décrite par l'historien Procope de Césarée, a touché tout le bassin méditerranéen, la France[1] et même des pays plus au nord de l'Europe entre le VIe et le VIIIe siècle. Après cet échec et la mort de Justinien, l'ouest de l'Europe plongera dans la barbarie pour plusieurs siècles.

Au XVIe siècle, la seconde épidémie, la « peste noire », aurait dévasté entre 30 et 50 % de la population européenne en quelques années seulement. Il est vraisemblable que cette épidémie a stoppé l'expansion européenne marquée par les croisades, qui n'a recommencé qu'à partir de la Renaissance. On pense que toutes les épidémies de peste seraient venues d'Asie centrale, plus précisément de la zone allant de l'Iran au Kazakhstan où se trouvaient les réservoirs du bacille de la peste, puis la maladie se serait diffusée via les routes du commerce de la soie. Les rencontres entre l'Orient et l'Occident ont probablement joué un rôle important. Les épidémies sont en partie une conséquence de la mondialisation des microbes. Quand deux mondes éloignés se rencontrent, ils échangent des biens, des hommes, mais aussi des bactéries et des virus.

Les maladies infectieuses

Elles ont également eu un impact considérable dans les guerres. Nombre de ces guerres ont été arrêtées à

1. Nous parlons ici du territoire qui couvre la France actuelle, qui n'existait évidemment pas à l'époque.

cause de l'affaiblissement des troupes et de la pénurie en soldats, certes, mais les stratèges du passé sont comme les modélisateurs du présent : ils vous expliquent tout a posteriori... Ils oublient de parler du nombre de malades ou des effets de la malnutrition et finissent par résumer l'histoire des batailles par un unique facteur alors que ce sont des événements multifactoriels. Les tentatives de conquête de la Russie ont échoué à cause des épidémies de typhus. Cette maladie a résulté de l'importation d'Amérique de la bactérie responsable du typhus et de la prolifération des poux qui en sont le vecteur. À cause du froid et d'une mauvaise hygiène, les poux ont proliféré sur tous les fronts russes et le typhus a exterminé de nombreux soldats napoléoniens puis allemands durant la Seconde Guerre mondiale.

Un autre exemple d'hécatombe fut celui causé par la grippe espagnole, une pandémie qui a tué plus de 40 millions de personnes, en majorité des hommes jeunes, au début du XXe siècle. Cette grippe causée par un virus H1N1 restera ancrée dans la mémoire collective à l'instar de la Grande Peste du Moyen Âge et sera à l'origine de l'affolement général et planétaire autour de la grippe aviaire dans les années 2000.

Le sida aura été l'épidémie majeure du XXe siècle. Dans certaines zones, en particulier en Afrique australe, 25 % de la population a été touchée. Selon les stratégies politiques adoptées, la maladie a été enrayée ou a continué à exploser. Dans les pays comme l'Afrique du Sud où les dirigeants n'ont pas voulu accepter l'explication du mode de propagation du sida, le nombre de cas est resté plus important. A contrario, en Afrique centrale ou de l'Est, où les gouvernants ont accepté l'idée d'une maladie sexuellement transmissible liée à un virus (VIH), l'épidémie a ralenti, grâce à des changements de comportements (préservatifs, diminution du nombre de partenaires sexuels). En outre, la théorie du complot, selon laquelle le sida aurait été causé par les vaccins donnés par les Américains pour éliminer les Africains, a également freiné l'endiguement de l'épidémie, en particulier en Afrique du Sud. Les gens ont pensé qu'ils pouvaient se passer des autres précautions préconisées. Il faut toutefois noter que les vaccins contre la polio sont produits à partir de cellules de singes, et quand on a découvert que les singes avaient un virus proche du sida (SIV), cela a soulevé une vraie question. Mais les scientifiques ont depuis confirmé l'innocuité du vaccin. Les tenants de cette théorie du complot ne sont ni fous ni paranoïaques, mais seulement méfiants et mal informés, même s'ils ont tort sur le fond. Ils s'appuient sur une réalité parfois effrayante. En effet, des campagnes de vaccination impulsées par les Occidentaux ont par le passé conduit à des erreurs et causé de nombreux décès. Durant la période de 1960 à 1980, une campagne de traitement contre la bilharziose, infection fréquente en Égypte, a provoqué la plus grande épidémie d'hépatite C au monde, à cause de l'utilisation de seringues réutilisables et d'aiguilles usagées ! Au Japon, une incidence d'hépatite C serait également liée à des piqûres pour prévenir la bilharziose, ce qui a rendu la population méfiante à l'égard des vaccins. Plus récemment, la CIA a utilisé une fausse campagne de vaccination contre l'hépatite B pour identifier la famille de Ben Laden au Pakistan. On voit bien que la méfiance des populations vis-à-vis des vaccins, en particulier en Afrique, n'est pas de la paranoïa totale, mais est fondée sur des faits réels.

Le virus du sida a évolué à partir de son virus cousin chez le chimpanzé, apparu dans les années 1930, mais on ne sait pas comment il est passé chez l'Homme, peut-être via la consommation de viande de brousse et probablement via une combinaison de multiples facteurs. Ensuite l'épidémie s'est propagée chez l'Homme. Les transmissions par piqûres (vaccins, drogues, transfusions) ont également joué un rôle, tout comme la transmission materno-fœtale. Les rapports hétérosexuels et homosexuels, en particulier le coït anal, on l'a dit, représentent le premier facteur de transmission. Des études en Europe ont montré que le coït anal, dont le rôle dans la transmission de la maladie a longtemps été passé sous silence, multiplie par vingt le risque de transmission du VIH comparé à la voie vaginale. Il y a trente ans, on ne pouvait pas aborder ce sujet sans se voir aussitôt accusé de stigmatiser ce type de rapport sexuel associé à l'homosexualité masculine. C'est pourtant un risque qui concerne autant les couples homosexuels qu'hétérosexuels. En outre, une partie de l'échec du préservatif dans la lutte contre le sida est peut-être liée à ce tabou. Certains ont pu finalement croire qu'ils pouvaient s'en passer lors d'un rapport anal, d'ailleurs parfois utilisé comme moyen de contraception par des femmes, à la place du préservatif.

*
* *

Une épidémie n'épargne ni les plus forts, ni les plus intelligents, ni les plus beaux ni même ceux qui seront capables de résister à la prochaine épidémie, car elle tue au hasard. Quand une épidémie touche une population restreinte, par exemple 3 à 5 % des gens, le facteur lié à la résistance individuelle est très important, seuls les plus vulnérables à ce virus succomberont. À l'inverse si une épidémie touche 80 % de la population, la nature de l'hôte a peu d'influence, c'est avant tout la chance qui permet à certains d'être épargnés. Dans ce cas, le virus attaque sans distinction et les survivants ne seront pas forcément plus résistants à la prochaine maladie.

C'est la grande hypothèse de recherche de Laurent Abi-Rached, dans mon laboratoire. Lors de l'analyse des gènes des groupes HLA liés à la résistance ou à la sensibilité aux maladies infectieuses, il a montré qu'ils étaient très différents d'une zone géographique à une autre. D'après lui, cela s'expliquerait par des épidémies différentes ayant affecté chaque zone. Par exemple les Mélanésiens, les natifs des îles du Pacifique (îles Fidji, Nouvelle-Calédonie, etc.), ont des combinaisons de gènes HLA très différentes de celles des Africains et des Européens. C'est le reflet des épidémies qu'ils ont dû affronter dans le passé, distinctes de celles ayant contaminé les autres régions du globe. Les personnes ayant survécu à ces épidémies avaient probablement une combinaison de gènes particulière leur conférant une protection. Cela expliquerait aussi pourquoi les proportions de gènes HLA issus d'hommes archaïques (Cro-Magnon,

Neandertal, Denisova) diffèrent selon les régions du monde. Tout cela aurait été trié par les épidémies et le hasard des rencontres.

Le rôle des catastrophes naturelles

Les catastrophes naturelles ne sont pas en général prévisibles, au grand dam de l'être humain. Ni les inondations, ni les éruptions volcaniques, ni les tsunamis ne peuvent toujours être anticipés. C'est d'ailleurs pourquoi les hommes continuent de s'installer sur les pentes des volcans où les terres sont très fertiles, comme en contrebas du Vésuve. Cela peut sembler inconscient à première vue mais lorsqu'on sait que la probabilité d'une éruption n'est que d'une fois tous les deux mille ans cela peut se comprendre.

On ne peut prédire un événement que s'il y a peu de facteurs en jeu et s'ils sont connus, c'est ainsi que les astrophysiciens ont été les premiers à prévoir les éclipses de soleil. Cette capacité de prévision des astronomes a généré l'astrologie et sa prétention à prédire d'autres choses que les mouvements des planètes. D'autre part, les phénomènes chaotiques sont imprévisibles. Or l'Homme a toujours eu besoin de comprendre et d'anticiper l'avenir. Notre société est d'ailleurs intolérante aux risques, ce qui se traduit par la généralisation du principe de précaution visant à se prémunir contre un risque potentiel mais non prouvé. De tout temps, les hommes ont recherché un bouc émissaire responsable de leurs malheurs. Pour les Anciens, les fléaux étaient l'expression de la colère des dieux, une idée reprise dans la Bible avec le récit du Déluge et celui des plaies d'Égypte. Aujourd'hui, la figure divine serait incarnée par les hommes politiques ou l'Organisation mondiale de la santé (OMS) qui devraient nous protéger des catastrophes et qui malheureusement se prêtent souvent à ce jeu. L'évolution des espèces s'est faite par une alternance de catastrophes qui ont réduit sévèrement la diversité des populations restantes, et de phases de créativité qui ont progressivement favorisé à nouveau la divergence. Les sociétés humaines présentent la même « respiration », convergence-divergence, homogénéité-diversité, monoculture-multiculture. Ainsi, à l'homogénéité de l'Empire romain a succédé une explosion dans tous les domaines dans l'Europe médiévale. Puis, à leur tour, la Révolution française et la conquête napoléonienne ont entraîné une relative homogénéisation du droit, une disparition de nombreux dialectes, et réduit la diversité. Ainsi, le français s'est imposé à tous, et les pouvoirs locaux, les langues régionales et les accents ont été détruits par la centralisation.

La guerre, les camps...

Les « tris » de population à la guerre et dans les camps d'internement sont essentiellement aveugles. Ce fut flagrant lors de l'explosion des bombes atomiques au Japon. Les rescapés doivent uniquement leur survie au hasard. Il est également déraisonnable de croire que seules sont revenues des camps de concentration les personnes de meilleure constitution ou les plus intelligentes. D'ailleurs la plupart des survivants des « camps de la mort » de la Seconde Guerre mondiale ont préféré taire leurs souvenirs tant était grand leur sentiment de culpabilité vis-à-vis d'une réalité – le fait d'être en vie et le pourquoi – qui paraissait injuste et aveugle. C'est terrible, cela n'a pas de sens. Varlam Chalamov, écrivain russe qui passa plus de vingt ans au goulag, aborde exactement la même chose dans son livre *Récits de la Kolyma*[1] lorsqu'il décrit un type qui se fait tuer par hasard parce que le garde était ce jour-là de mauvaise humeur. « La faux mortelle de Staline fauchait tout le monde sans distinction (...) Tous étaient des gens pris au hasard parmi les indifférents, les lâches, les bourgeois et même les bourreaux. Et ils sont devenus des victimes par hasard. » Il n'y a pas de sens, ni dans l'Histoire, ni dans l'évolution du monde ni dans l'évolution personnelle. Dans les situations chaotiques, le tri aussi se fait de façon aléatoire.

*

* *

Au final, il est important de se souvenir de la vulnérabilité de l'espèce humaine, dont l'existence et la survie doivent beaucoup au hasard. L'évolution ne tend pas vers la perfection. « Tout n'est pas pour le mieux dans le meilleur des mondes », comme l'affirmait Pangloss dans *Candide* de Voltaire. D'ailleurs dans le « théorème de Pangloss », Stephen Jay Gould explique que l'idée que l'on a naturellement que tout ce qui est fait a eu sens et tend vers le mieux est d'une grande naïveté et

1. Varlam Chalomov, *Récits de la Kolyma*, Éditions Verdier, 2003.

complètement fausse. Pour ma part, je n'ai pas foi en la destinée spécifique de l'Homme. Comme certains écologistes radicaux, je pense que l'humanité est un avatar de l'histoire de la Terre et de la vie, qu'elle disparaîtra peut-être mais que cela ne changera pas l'histoire de la planète sur des milliards d'années. Les humains sont, selon moi, un épiphénomène et la Terre n'était pas particulièrement destinée à héberger des hommes.

– 10 –

LA SÉLECTION DES MEILLEURS : UN LEURRE AU JEU DE QUI-GAGNE-PERD

L'idée de la « sélection des meilleurs » de Darwin trouve ses racines dans l'éthique du protestantisme et le contexte historique du XIXe siècle alors que l'Europe connaît une explosion démographique et colonise les peuples dits « moins évolués ». C'est une vision erronée, qui a déjà été dénoncée par Nietzsche en son temps, et qui alimentera les théories racistes et les pensées totalitaires du XXe siècle.

La puissance éphémère des dominants est en réalité liée au phénomène d'imitation du plus fort. Tant qu'il n'existe qu'une seule force en jeu, les autres acteurs l'imitent, comme ce fut le cas avec l'influence planétaire de la culture américaine tout au long du XXe siècle. On appelle ce jeu le « qui-gagne-perd ». Car les sociétés les plus policées, évoluées et suradaptées sont les plus fragiles : elles ne conservent pas leurs potentialités inutiles sur le moment et risquent de disparaître devant des problèmes nouveaux. Cette évolution cyclique est habituelle et il n'y a pas de raison que cela change : adaptation, suradaptation à un système donné allant de pair avec une fragilisation accrue, déclin puis disparition des civilisations, de certaines espèces et de certains règnes parmi les êtres vivants.

Darwin, père du racisme moderne

L'idée de la sélection des meilleurs, selon la théorie de l'évolution de Darwin, trouve son origine dans le contexte historique du XIXe siècle et la domination du monde par l'Occident. À cette époque le monde est gagné par les pays européens ayant la démographie la plus positive. Cela alimente l'idée générale que ce sont les plus dynamiques et les plus sains parmi eux qui sont sélectionnés par l'évolution. Cette vision de la santé européenne au sens large aura des conséquences considérables, dont la thèse à laquelle je suis le plus hostile, reprise par Hitler, qui affirme que tous ceux qui ne sont pas le « sel de la Terre » doivent être éliminés ou marginalisés. C'est très bien expliqué dans le magnifique livre de Boris Vian *Et on tuera tous les affreux*[1]. Herbert Spencer, un sociologue anglais contemporain de Darwin, a été l'un de ceux qui se sont servis du darwinisme pour le transformer en une vision raciste (« le darwinisme social »), permettant de justifier la domination des peuples occidentaux sur le reste du monde, en reprenant les textes explicites de Darwin sur l'évolution. Cette séparation entre les peuples évolués et non évolués a été au cœur de notre mode de pensée pendant longtemps. Le darwinisme social a servi à justifier le nazisme en

1. Boris Vian, *Et on tuera tous les affreux*, Éditions Pauvert, 1997.

théorisant que les êtres les plus faibles devaient être exterminés pour laisser la place aux êtres mieux armés pour survivre. Il a fallu extrêmement longtemps pour modifier cette vision sur le plan sociologique et anthropologique et encore, elle n'a pas complètement changé dans de nombreux esprits.

Le racisme a explosé au XIXe siècle en même temps que le darwinisme, le colonialisme et l'eugénisme. La pensée occidentale démesurée de l'époque imaginait à la fois détruire les plus faibles et instaurer une force vis-à-vis des populations dites inférieures (« non civilisées ») sous couvert d'une apparente rationalité qui a permis d'organiser les pensées les plus destructrices du XXe siècle.

Darwin a été utilisé par les tenants du racisme et de l'eugénisme qui se sont appuyés sur sa pensée. Leur raisonnement consistait à dire qu'il faut aider la sélection naturelle en « tuant tous les affreux », que ceux qui réussissent sont là parce que la sélection naturelle leur a permis d'être là et non pas grâce aux circonstances, malgré toutes les évidences… Le simple fait de naître à Bombay ou à New Delhi au milieu du XIXe ne prédisposait pas à la même carrière que celui d'être né à Londres ou Paris, quelles que soient les qualités intrinsèques des uns et des autres. Darwin pensait que la « sous-espèce » européenne allait dominer le monde entier, y compris en termes démographiques, puisqu'il n'imaginait pas que ce qui était dominant à une époque puisse cesser de l'être ensuite, selon sa vision linéaire de l'évolution qui omettait le rôle des catastrophes. C'est l'idée générale de la puissance du sang importée par les barbares germaniques qui a triomphé pendant un temps contre la puissance de la culture latine et méditerranéenne. Darwin, de ce point de vue-là, a participé à la réémergence d'une vision synchrétique entre la Bible d'un côté et la vision germanique de l'autre. Cela, avec le rejet des Écritures au sens propre, a amené les Occidentaux ayant la même arrogance mais n'ayant plus la même croyance en Dieu à ériger Darwin en prophète du XIXe siècle.

Darwin est encore aujourd'hui une idole de la gauche et de la droite athée alors qu'il était lui-même un protestant croyant ! L'historien Emmanuel Todd aurait probablement qualifié les darwiniens actuels de « protestants zombies » (il qualifie certains socialistes de « catholiques zombies »), c'est-à-dire d'athées ayant gardé toutes les pensées liées à la vision germanique et protestante du monde associant la supériorité de la race et le fait d'être choisi par Dieu pour accomplir son destin.

Ainsi Darwin, dans une époque scientiste et anticléricale, est-il devenu le porte-lance de toute une génération, une génération « zombie » comme le dit très bien Todd, qui n'a pas intégré la révolution postmoderne, véritable remise en cause des visions simplistes du XIXe siècle. De fait, Claude Lévi-Strauss est le pire ennemi de Darwin dans *Tristes Tropiques*, quand il décrit la complexité des sociétés dites primitives alors que Darwin considérait que seule la civilisation européenne était « évoluée » ; tout comme le sont Gilles Deleuze avec sa définition du rhizome (une vision entièrement cohérente avec ce que ce que nous savons de l'évolution du monde) contre l'arbre à racine unique et Jacques

Derrida avec la lutte contre la qualification simplificatrice des races tendant à intégrer les gens dans des cases, alors qu'il n'existe pas de frontières entre ces cases. On voit bien que malgré l'influence de Derrida aux États-Unis, on demande encore aux Américains de se qualifier eux-mêmes d'afro-américains (même si la proportion de leur origine génétique africaine est minoritaire), d'hispaniques (descendants de métis de colons espagnols et d'Indiens d'Amérique centrale), de caucasiens pour ceux qui s'estiment « blancs », ou d'indiens (pour la faible proportion de personnes d'origine indienne nord-américaine ou de métis d'Indiens et de colons d'Europe du Nord). De plus il est très étrange de qualifier différemment les descendants d'Indiens natifs d'Amérique du Nord et d'Amérique centrale, alors qu'ils étaient génétiquement très proches. En pratique être darwinien, c'est être raciste.

Le racisme de Darwin était poussé au point qu'il considérait que les différents groupes humains n'étaient pas des races mais des espèces ou des sous-espèces différentes et il se posait même la question de leur fertilité. Dans son livre *La Filiation de l'homme*[1], que je vous conseille de lire, il explique clairement ses idées dont on voit bien comment elles ont servi de ferment au nazisme. Il écrit que les hybrides des différentes espèces sont stériles comme les mules, résultat de l'accouplement entre les chevaux et les ânes, d'où d'ailleurs le terme de

1. Charles Darwin, *La Filiation de l'homme et la sélection liée au sexe*, Éditions Syllepse, 1999.

« mulâtre » qui en est le dérivé. Tous les fruits des accouplements d'espèces de mammifères différentes sont stériles. Cela est devenu la définition des espèces : la possibilité d'avoir un accouplement fertile. Cette ignorance grossière de la capacité de reproduction interhumaine par Darwin à la fin du XIXe siècle est le témoin d'une tendance à théoriser sans savoir qui laisse rêveur !

Par ailleurs Darwin prédit que le dynamisme incroyable de la civilisation occidentale amènera à une disparition totale des civilisations inférieures (les « races » inférieures) dont on voit aujourd'hui combien cela est dérisoire. Cependant, on ne peut pas ne pas noter, à la fois, la fausse compassion qui a accompagné l'épidémie de sida en Afrique où les plus pessimistes voyaient la fin des groupes humains africains, et l'irritation ressentie à l'idée de voir que la poussée démographique amènera bientôt la population africaine à dépasser celle des États-Unis et de l'Europe réunis. En outre, comme une gifle à Darwin, on observe que la Chine populaire et l'Inde produisent chacune aujourd'hui plus de docteurs en sciences que l'Occident. Voilà qui apporte un éclairage sur la démesure de la pensée qui a saisi les Européens du XIXe siècle, à la fin de leur dominance de deux siècles et demi sur le monde, et au début du retour des peuples qui, ayant assimilé par imitation les éléments qui avaient fait la grandeur de l'Europe, sont actuellement en train de renverser le rapport de grandeur.

L'imitation du plus fort

La puissance éphémère des meilleurs ne provient pas de leur nature mais d'une propension générale à imiter le plus fort, le plus beau ou le plus riche. Durant tout le XXe siècle, en particulier après la Seconde Guerre mondiale, les États-Unis ont été sans conteste la puissance dominante. Tous les individus, de l'Afrique à la Chine en passant par l'Inde, se sont alors mis à imiter l'homme blanc américain, en portant jeans, tee-shirts et baskets, ou pour les employés et les hommes d'affaires costumes, chemises et cravates. C'est seulement depuis une dizaine d'années que l'on observe une tendance inverse : une plus grande disparité dans les vêtements et l'apparence, qui s'illustre par exemple par la multiplication du port du foulard, au grand dam des conservateurs qui oublient que l'imitation du modèle occidental est relativement récente et n'existe pas depuis toujours ! Cet exemple illustre un phénomène d'évolution commun, lorsqu'une phase de divergence succède à une phase d'homogénéisation. L'uniformisation de la présentation des humains dans le monde a été liée à la puissance considérable et sans rival de l'homme blanc américain, puis les apparences des hommes ont commencé à se diversifier avant même que le déclin américain soit visible. Nous l'avons déjà dit, aujourd'hui en Afrique, les femmes portent de plus en plus le boubou, les hommes musulmans pratiquants portent la djellaba et les femmes musulmanes pratiquantes le foulard. Ce qu'on appelle la société laïque, en réalité le christianisme athée, n'est plus le modèle dominant à imiter. Le monde est devenu multipolaire et c'est un des facteurs d'irritation majeurs.

Nous, Occidentaux, étions très heureux d'être singés et nous sommes aujourd'hui surpris voire furieux de ne plus être admirés et copiés. Les autres parties du monde ne nous considèrent plus comme le sommet de l'évolution. Ils ne nous regardent plus comme un modèle, ce qui irrite beaucoup de conservateurs.

Cette « respiration » de l'évolution sociétale s'observe aussi dans d'autres domaines. Quand j'étais jeune, vous ne pouviez pas donner à votre enfant un autre prénom que celui du calendrier chrétien. Mon frère voulait appeler sa fille Karine mais n'en a pas eu le droit à l'état civil, et il a dû l'appeler Catherine. Ma femme dont la mère est russe s'appelle Natacha, mais son prénom officiel est Nathalie. Le droit de choisir n'importe quel prénom pour ses enfants est un droit récent. Après 1968, il y a eu une créativité des prénoms extraordinaire.

Un autre exemple de divergence, nous en avons déjà parlé, s'observe dans l'évolution des rapports entre les sexes. Les femmes accentuent plus aujourd'hui leur féminité en portant des jupes, des bas noirs et des hauts talons au lieu des jeans et chaussures plates des années 1970. Quant aux hommes, ils exacerbent leur virilité, pratiquant la musculation, se rasant le crâne (certains jeunes de vingt et trente ans) ou portant la barbe. À une époque où l'on proclame volontiers qu'il n'y a pas de grandes différences entre les sexes, les femmes du XXIe siècle prouvent le contraire, abandonnant la mode unisexe de la fin du XXe. Ce cycle d'évolution est donc général. La première période de la mondialisation a vu une uniformisation apparaître et se généraliser et maintenant nous vivons une vraie diversification, du fait de l'affaiblissement du modèle dominant.

Le danger des plus forts et la fragilité des empires

Dès qu'une civilisation est puissante, elle ne peut s'empêcher d'exercer sa force, ce qui la conduit à la fin à s'écrouler. C'est l'idée du rapport de force qui évolue en fonction de la vitalité économique et démographique développée par John Mearsheimer [1]. Il n'y a donc pas de stabilité possible dans le monde car la puissance va de pair avec une démonstration de force permanente. Cette thèse, à la base de l'un des principaux courants géopolitiques actuels, me semble la plus en phase avec ce que l'on observe dans l'histoire connue et en biologie. Cette théorie du rapport de force s'est vérifiée au cours de l'Histoire. Ainsi tous les empires, de Rome à l'Allemagne du XIXe siècle en passant par les empires de Napoléon, des Ottomans, de la Chine ou des Incas, ont fini par disparaître. Aujourd'hui, la première puissance mondiale, les États-Unis, est également en train de s'affaiblir.

La théorie de Mearsheimer explique l'instabilité du monde actuel du fait de la baisse de la démographie en Europe, et de la décroissance économique relative de l'Europe et des États-Unis. Les États-Unis ont perdu leur domination, comme la France l'a perdue au XIXe siècle. C'est le préalable à un nouvel équilibre mondial. Mearsheimer affirme que les Américains n'auront bientôt plus qu'un seul adversaire, la Chine, qui est en train de prendre leur place de leader mondial. Il le prouve en montrant l'extension récente de ce pays, sa

1. John Mearsheimer, *The Tragedy of Great Power Politics*, W.W. Norton and Company, 2001.

reconquête territoriale de Hong Kong et sa revendication des îles de la mer de Chine méridionale et de Taïwan. Historiquement, les grandes puissances ont passé leur temps à envahir leurs voisins jusqu'à ce qu'apparaisse un adversaire de force égale ou supérieure. C'est une des causes de la disparition des civilisations. On peut penser que si l'Empire inca avait été moins grand, il aurait mieux résisté, au lieu de s'effondrer comme il l'a fait, à une vitesse record. Quand on a la force, on ne peut pas s'empêcher de l'exercer, et l'on ne peut y renoncer que si l'adversaire est suffisamment puissant pour résister ; dans ce cas, c'est la paix des braves. Ce n'est pas une vision humaniste mais une vision sauvage et évolutionniste. Les évolutionnistes croient à la guerre universelle des êtres vivants et au rôle primordial du rapport de force dans l'évolution. Foucault disait que l'état naturel de la société, c'est la guerre civile.

Dans l'Histoire très récente, personne n'a ainsi pu empêcher la Russie d'annexer la péninsule de Crimée et le port de Sébastopol, lors de la crise ukrainienne de 2014. Sans la force militaire, technologique ou économique, un pays ne peut pas s'imposer. L'équilibre du monde dépend du rapport de force entre les différentes nations.

Par analogie, dans la société humaine, on ne peut pas renoncer à la force au nom de la raison. C'est ce que sous-tend la doctrine américaine du « gros bâton » (*Big Stick*) formalisée par le président Hoover et renvoyant à la politique étrangère des États-Unis qui s'octroient le droit de recourir à la force militaire pour défendre leurs intérêts.

« La raison du plus fort est toujours la meilleure », écrit Jean de La Fontaine dans *Le Loup et l'Agneau*. Beaucoup de gens ne comprennent pas cette fable qui est juste l'expression de la puissance. Prenez l'exemple de l'arme nucléaire. Les États-Unis sont les seuls à avoir utilisé une bombe atomique, à la fin de la Seconde Guerre mondiale, sur Hiroshima et Nagazaki au Japon, et pourtant ce sont eux aujourd'hui qui veulent interdire à d'autres pays de s'en équiper ! Il n'y a donc ni logique ni justice dans cette décision mais seulement l'expression de la force. Les Américains disent : « Je suis le plus grand et le plus fort, je sais ce qu'il faut faire, vous, vous êtes des enfants. » L'esprit américain est celui qui suppose l'infantilisation des autres États. Ce n'est bien entendu pas l'avis des pays concernés qui estiment à juste titre avoir les mêmes droits qu'eux. Les États-Unis ont également été une des seules nations à avoir refusé un traité de non-prolifération des armes chimiques après la guerre de 1914-1918. Or le plus terrible exemple de leur utilisation fut celle par les mêmes Américains du gaz orange durant la guerre du Vietnam, comme l'a extraordinairement décrit Noam Chomsky. L'Amérique a ensuite retourné sa veste d'un coup en 1972 à la suite d'un accident lié au gaz orange sur le sol américain et a décidé de faire interdire les armes chimiques et biologiques partout dans le monde ! Récemment, les Américains se sont positionnés comme horrifiés par l'emploi d'armes chimiques en Syrie, alors qu'il y avait déjà des milliers de morts par ailleurs. Pourquoi considérer une mort par arme chimique pire qu'une mort par arme à feu ou par une bombe nucléaire ? L'emploi d'armes chimiques fait surréagir une partie de la population, ignorance volontaire ou aveuglement.

Les États-Unis, en tant que puissance dominante, ont imposé au monde des facteurs culturels. Aujourd'hui, il nous faudrait penser que les armes chimiques sont le mal, que les armes nucléaires sont très dangereuses entre les mains des autres pays mais sûres entre celles des membres du club des pays développés, sous-entendu ceux qui détiennent le savoir de ce qui est bon pour les autres. C'est simplement l'illustration de la loi du plus fort. Jusqu'à un passé récent, les armes non conventionnelles ont été condamnées par les plus forts, non pas pour leur efficacité mais parce que pouvant être produites par des pays pauvres, elles constituent une menace pour les plus riches, même si les choses changent. À l'inverse, les armes conventionnelles étaient jusqu'à récemment produites uniquement par les pays riches et vendues aux autres pays (tous confondus) et constituent un marché extrêmement fructueux, d'ailleurs à la source de financements politiques dissimulés.

Les règles édictées par l'Organisation mondiale du commerce (OMC) en faveur des intérêts économiques des Américains sont également la manifestation de la force qui s'habille du droit.

Contre la thèse du déclin des empires « La fin de l'Histoire » et « la guerre des civilisations »

La thèse du déclin des empires s'oppose aux deux autres courants géopolitiques contemporains, celui de « la fin de l'Histoire » et celui de « la guerre des civilisations ». « La fin de l'Histoire » est le modèle des néoconservateurs (néocons) américains, repris par une partie des intellectuels de gauche français et des « droits-de-l'hommistes » européens. Bernard-Henri Lévy, Alain Finkielkraut, Nicolas Sarkozy et Bernard Kouchner ont la même pensée que George W. Bush. Pour eux la démocratie, telle qu'on la conçoit en Europe au XXIe siècle, associée à l'économie de marché et donc à la richesse, est le modèle qui doit être diffusé partout dans le monde. Cette théorie est le fruit de la domination de l'Europe depuis le XVIe siècle, qui a laissé croire que nous étions en avance sur les autres civilisations. C'est la thèse des humanistes de l'*Encyclopédie* relayée par Darwin sur le plan scientifique (le triomphe du plus capable) et par Max Weber sur le plan sociologique (démocratie, protestantisme, et économie de marché), et qui a donné lieu à la civilisation américaine. Cette forme de pensée a aussi conduit à l'invasion de l'Irak et de l'Afghanistan et inspiré toutes les guerres que nous avons menées au Moyen-Orient, au nom du droit d'ingérence (que réfuta d'ailleurs de Gaulle), et cela a favorisé aujourd'hui la genèse de Daech.

Ébranlés par la chute du mur de Berlin et l'effondrement de l'URSS, les néocons ont postulé cette « fin de l'Histoire », en pensant qu'il n'y avait plus qu'un seul modèle, celui de la démocratie américaine. C'est très réducteur car il existe de nombreux modèles et on ne peut penser que le destin de l'humanité soit de devenir démocrate. La Chine est un exemple frappant de développement économique, scientifique et culturel dans un pays non démocratique selon nos critères.

*
* *

L'idée qu'il existe un seul modèle de démocratie, le nôtre, et qu'il est supérieur aux autres n'est pas raisonnable. Certains ont une idée figée de la démocratie, comme si sa nature était stable. Or la démocratie actuelle est le fruit d'une longue évolution. En Grèce, seuls les chefs de famille propriétaires avaient le droit de voter. Lorsque le suffrage censitaire a été introduit en France, seuls les hommes qui payaient des impôts pouvaient participer aux élections. Ensuite, le droit de vote a été élargi à tous les hommes, puis aux femmes et plus récemment aux jeunes à partir de dix-huit ans. Ce choix de l'âge est purement conventionnel, De même, on peut s'interroger sur la pertinence du vote de personnes très âgées, facilement manipulables. La démocratie n'est donc pas définie par l'extérieur mais témoigne des rapports de force à un moment donné et à une époque donnée. De même le choix d'une élection au scrutin majoritaire à deux tours (à l'instar des élections présidentielles et régionales en France) ou majoritaire à un seul tour (comme en Angleterre) est tout à fait conventionnel. Personne n'a démontré que cela permettait de mieux représenter la population et de mieux diriger un pays. Notre forme de démocratie à deux chambres (bicamérisme), avec d'un côté l'Assemblée nationale constituée de députés élus au suffrage universel direct et de l'autre, le Sénat, avec des sénateurs élus au suffrage universel indirect, a également évolué depuis la monarchie. Durant les états généraux, il y avait trois chambres, la Chambre haute de la noblesse (avec des aristocrates choisis), la Chambre basse du tiers état (avec des élus) et celle du clergé. C'est Napoléon III qui a établi le bicamérisme en France. S'il n'existe plus de Chambre haute avec des membres nommés et non pas élus, en France, ce n'est pas le cas en Angleterre où la Chambre des lords (nommés) partage encore le pouvoir législatif avec la Chambre des communes, ce qui permet une vision plus polymorphe. Le général de Gaulle avait souhaité recréer une Chambre haute, en essayant de fusionner le Sénat avec le Conseil économique et social (dont les membres sont nommés), mais cela se signa par un échec lors du référendum de 1969 qui conduisit à sa démission. En revanche, le rôle du Conseil constitutionnel aujourd'hui est en train de ressembler à celui de la Cour suprême des États-Unis, c'est-à-dire un contre-pouvoir exercé par une assemblée de membres non élus. L'existence de tels contre-pouvoirs est pourtant en contradiction avec la notion de démocratie directe. La démocratie correspond à un consensus de la société à un moment donné pour des raisons à la fois historiques et pratiques. L'idée qu'il existe un seul modèle démocratique ou que l'un des modèles soit meilleur que les autres est déraisonnable. La seule définition valable de la démocratie serait celle d'un système qui offre la possibilité de changer le gouvernement en place par le vote, contrairement aux systèmes dictatoriaux.

L'autre courant géopolitique, celui de la « guerre des civilisations » mis en avant par le Premier ministre français Manuel Valls, consiste à croire que les civilisations, qui n'ont cessé de se battre entre elles, vont continuer de s'affronter. Aujourd'hui c'est la confrontation entre l'Europe et le monde musulman qui est considérée comme le risque majeur. Notre européocentrisme nous empêche de voir que l'islamisme est essentiellement une guerre civile entre musulmans, dont les effets collatéraux que nous subissons résultent en partie de notre ingérence. À l'inverse, les néocons n'ont rien contre les musulmans. De manière générale d'ailleurs, les États-Unis sont très ouverts à la diversité religieuse et à celle des sectes et ils continuent encore à en produire, d'où la biodiversité religieuse si grande dans ce pays. De façon intéressante, à la suite du 11-Septembre et malgré la crainte du bioterrorisme, a été nommé à la tête d'un centre de recherche en biologie un musulman d'origine algérienne. Cela va peut-être changer quand on entend le candidat Donald Trump vouloir interdire l'entrée des musulmans aux États-Unis, alors que la Constitution américaine défend la liberté religieuse et tendrait plutôt à dénigrer l'athéisme. Nos lois d'interdiction des signes religieux, comme le voile à l'école, étonnent particulièrement l'Amérique. La France fait preuve d'une attitude très conservatrice sur les religions, et d'une véritable obsession concernant les sectes, autant que la langue et les mots avec le rôle essentiel de censeur joué par l'Académie française. Or toutes les religions, rappelons-le, ont d'abord été des sectes avec quelques adeptes à l'instar du christianisme et de l'islam. Cette thèse de la guerre opposant deux religions, telle une croisade, est une idée naïve quand on sait qu'il n'y a pas d'homogénéité au sein de l'islam, chiites et sunnites se livrent une guerre entre eux, à l'instar de l'affrontement idéologique et géopolitique entre l'Arabie saoudite et l'Iran, bien similaire aux querelles violentes du passé entre protestants et catholiques. D'autre part on ne peut considérer naïvement l'islam comme une culture homogène, il suffit d'observer les différences de mode de vie entre les musulmans d'Afrique et ceux du Moyen-Orient pour en être convaincu.

La leçon des bactéries : les microbes les plus dangereux sont aussi les plus fragiles

La thèse du rapport de force s'applique très bien à ce qu'on observe en microbiologie. Les bactéries vivent une bataille permanente. Elles passent leur temps à attaquer leurs ennemis ou à se défendre contre eux grâce aux armes que sont les antibiotiques. Tous ceux que l'on utilise en médecine sont ainsi dérivés des armes inventées par les microbes et les champignons pour se battre entre eux : les antibiotiques sont des produits naturels ! Les premières molécules, comme la pénicilline, étaient produites directement par des cultures de bactéries. Aujourd'hui, les scientifiques fabriquent des antibiotiques de synthèse qui sont des copies légèrement modifiées des molécules d'origine. On peut comparer la différence entre un antibiotique commercial et un antibiotique bactérien à celle existant entre un chien et un loup, c'est-à-dire vraiment petite.

La vie des bactéries est terrible et sans répit. Imaginez que les milliards de bactéries dans votre corps se battent en permanence les unes contre les autres pour se nourrir et ne pas perdre leur place, mais aussi contre les virus extérieurs (90 % des bactéries sont tuées chaque jour par des virus !) ou d'autres pathogènes. À côté des antibiotiques, les bactéries ont d'autres mécanismes de défense, comme les antiviraux et l'intégration des gènes ennemis (« cannibalisme »). Les bactéries vivent donc en état de guerre et d'agression permanent. L'équilibre des populations bactériennes est précaire, il évolue avec le temps et selon l'écosystème.

Pourtant les microbes les plus dangereux pour l'Homme sont paradoxalement les plus vulnérables.

Plusieurs explications à cela sont possibles : dans un scénario, ces pathogènes finissent par détruire la population qu'ils infectent (par exemple en tuant des êtres humains par milliers) et disparaissent avec elle car, trop spécialisés, ils ne savent pas faire autre chose que tuer pour se reproduire. Dans un autre scénario, ils suscitent de la part de leurs hôtes des stratégies de lutte radicales, qui finissent par se retourner contre eux et les éradiquer. Les pathogènes ont donc une durée d'évolution plus courte, et bien que terriblement efficaces ils ne vivent pas longtemps. Grâce aux études de paléomicrobiologie qui permettent d'analyser des microbes très anciens, on se rend compte que les pathogènes, en particulier les plus nocifs, sont apparus récemment et ont déjà quasiment disparu. C'est le cas de la variole, un des virus les plus meurtriers, qui a été exterminé. Il ne faut jamais être LE numéro un sur la liste. De fait ce tueur extrême est devenu la cible première des médecins et scientifiques qui ont réussi à le vaincre, grâce au vaccin contre la variole. Le virus de la rougeole, numéro deux sur la liste, n'est pas loin d'avoir disparu, en dépit d'une résurgence ces dernières années à cause d'un relâchement de la vaccination. Tous les grands tueurs du XIXe siècle en Europe (variole, rougeole, tétanos, poliomyélite, diphtérie, typhus), qui sévissaient encore il y a trente ans dans les pays pauvres, sont aujourd'hui en forte régression. Les êtres humains ont mis toutes leurs forces pour les combattre et ont réussi à les exterminer. De même, la violence de l'épidémie du sida a provoqué une puissance de réaction scientifique hallucinante. La plus grande épidémie du XXe siècle n'est pas encore vaincue, mais elle est dorénavant bien maîtrisée.

À l'inverse, les microbes plus rarement dangereux, ou seulement dans des occasions particulières (opportunistes), se portent très bien. C'est par exemple le cas de l'herpès, un virus très rarement mortel qui donne des affections chroniques (boutons de fièvre) avec lesquelles on peut vivre sans problème. Une plus grande pathogénicité va donc de pair avec une vulnérabilité accrue. Les microbes les plus virulents pour l'Homme sont aussi les plus spécialisés, ceux qui ont le moins de potentiel génétique et qui ainsi se multiplient plus rapidement mais qui sont aussi les premiers à disparaitre.

De même, chez les êtres humains, l'évolution favorise une spécialisation de plus en plus grande, associée à une fragilité accrue dans les mégalopoles.

Le risque de la force est la déraison

Le déclin des États-Unis marque la fin d'un cycle, comparable au récit de l'*Iliade*, lorsque Achille perd la raison à cause de sa puissance. La surréactivité de l'Amérique sous George W. Bush, suite à l'énorme gifle des attentats terroristes du 11 septembre 2001, un tournant incontestable de son histoire, a accéléré son déclin. Les Américains se croyaient tellement forts, invincibles, qu'ils en ont perdu la raison. Ils ont voulu faire une démonstration de force bien au-delà de leurs capacités. De fait, leur guerre contre le terrorisme s'est soldée par un échec. Aujourd'hui leur politique étrangère est marquée par des hésitations, notamment en Syrie, avec un engagement très partiel. Le début du déclin d'un empire commence avec l'absence de victoires.

En multipliant les contrôles aux frontières à la suite des attentats du World Trade Center, les États-Unis ont en outre perdu leur place d'épicentre de la recherche mondiale car ces mesures ont fait diminuer de manière spectaculaire le nombre de jeunes thésards et postdoctorants étrangers. Or la moitié des chercheurs étaient auparavant d'origine étrangère et ce flux s'est interrompu aux États-Unis. Je redoute que le même scénario se produise en France. Dans notre laboratoire, la moitié des thésards sont aussi étrangers et ce sont ces jeunes qui sont les véritables artisans de la recherche. Il est important de rappeler à ceux qui ont peur des immigrés qu'environ un tiers d'entre eux sont des étudiants ! Si un démagogue (politique par pure démagogie) parvient au pouvoir et stoppe l'immigration, cela tuera notre recherche au profit d'autres pays qui accepteront de former les étudiants internationaux. Il y a vingt ans, les congrès scientifiques de ma spécialité (microbiologie, maladies infectieuses) accueillaient 15 000 à 20 000 personnes aux États-Unis, aujourd'hui ce nombre s'est réduit à environ 5 000. À l'inverse, en Europe, le nombre de conférenciers est passé de 2 000 à 10 000 en moyenne. Ce mouvement (flux) vers l'Europe s'explique par sa plus grande ouverture. Les États-Unis, qui étaient un pays très ouvert, ont désormais tellement peur de l'immigration que cela s'accompagne d'une décroissance scientifique car toute leur puissance était basée sur l'emploi de chercheurs étrangers. Bien entendu leur déclin est encore relatif car la culture de la science est toujours très américaine et les journaux scientifiques sont aux mains d'anglophones, mais ils ont perdu aujourd'hui un tiers de leur influence. On note également des changements intéressants. Les chercheurs chinois publient aujourd'hui des articles dans les plus prestigieuses revues comme *Science* et *Nature*, sans coauteurs américains. Sans doute ne veulent-ils plus être des vassaux des États-Unis.

*
*   *

Les êtres vivants n'évoluent donc pas dans le sens d'un progrès, il n'y a pas d'évolution positive générale. On peut en revanche observer des périodes d'adaptation, de suradaptation puis de déclin et de disparition des espèces vivantes autant que des civilisations humaines. L'évolution ressemblerait à un cycle au sens de « l'Éternel Retour » de Nietzsche, de périodes de croissance et de puissance puis de plateau et de déclin. Un des pays dominants économiquement à la fin du XXe siècle, le Japon, est en train de disparaître en raison d'une démographie négative et d'une politique fermée à l'immigration. À l'inverse l'Allemagne, qui est dans une situation démographique similaire, s'ouvre aujourd'hui de façon spectaculaire aux migrants du Proche-Orient, ce qui pourrait lui permettre de retarder son déclin ou de rebondir avec une population nouvelle.

– QUATRIÈME PARTIE –

AUJOURD'HUI LE CHANGEMENT, DEMAIN L'INCONNU

La mondialisation n'est pas un phénomène nouveau ni d'apparition récente ! Les légumes comme le maïs, la tomate et la pomme de terre ont été importés d'Amérique centrale au XVIe siècle. La circulation et les échanges d'espèces sur la Terre ont lieu depuis toujours mais se sont accélérés avec le développement des transports. Le XXIe siècle se caractérise par l'influence majeure de l'Homme sur les écosystèmes, une chute brutale de la biodiversité, plus de métissages interhumains et un risque accru d'épidémies lié à la diffusion de pathogènes.

Toutefois, ces changements sont à relativiser puisque la vie a toujours été en transformation permanente. En outre, la créativité qui est à la source de la vie est aussi une source d'espoir. Les découvertes récentes et à venir – sur l'ARN en particulier – offriront de nouvelles armes pour se protéger des virus nocifs. L'Homme, innovateur par nature, a montré sa capacité à combattre les pires maladies des siècles précédents. C'est pourquoi je m'oppose tant aux déclinistes et aux néconservateurs qui voudraient arrêter le temps et dont la pensée alimente le pessimisme et la crainte des changements dans la société qui s'avéreraient négatifs.

Les modèles mathématiques, si utilisés à notre époque pour prédire le nombre d'habitants et le climat de demain ou le nombre de morts de la prochaine épidémie de grippe, sont l'équivalent des grandes prophéties antiques. Ils ne peuvent pas prédire l'avenir tout simplement parce que les écosystèmes sont trop complexes, multifactoriels et qu'ils ne prennent pas en compte les événements chaotiques imprévisibles.

Et surtout, il ne faut pas oublier notre ignorance. Chaque jour, dans nos laboratoires, nous avons de nouvelles surprises, qui nous obligent à changer notre vision du monde et nos a priori. Ainsi, l'alarme sur la résistance aux antibiotiques qui fait la une des journaux de façon récurrente est erronée. Il n'y a pas plus de bactéries résistantes aujourd'hui qu'il y a vingt ans. Et il existe suffisamment de molécules pour traiter les patients. De même les épidémies de grippe ne risquent plus de conduire à des hécatombes comme celle de la grippe espagnole car nous avons aujourd'hui des antibiotiques. Chassons ce catastrophisme ambiant qui affole inutilement et bêtement les populations !

Sans savoir ce qu'est un climatosceptique, je me méfie des prévisions sur le réchauffement de la planète. Bien entendu, personne ne nie que les températures moyennes ont augmenté depuis un siècle et que les émissions de gaz à effet de serre méritent d'être réduites pour préserver notre planète. Toutefois, je suis convaincu que de nombreux paramètres nous échappent et qu'il est impossible de savoir comment le climat va évoluer, quoi qu'on fasse. Il est inquiétant d'observer que les visions contradictoires sur le climat ne sont plus acceptées aujourd'hui. Pourtant, c'est la controverse qui permet à la science d'avancer. À l'inverse, c'est l'imposition d'une pensée unique qui conduit à un système totalitaire (véritable frein au progrès).

Face à notre ignorance persistante sur de nombreux sujets, sur certains pans du passé et sur l'avenir, il est parfois plus facile d'adopter un système de croyance, qu'il soit religieux ou pseudo-scientifique. Vivre dans le doute n'est jamais confortable. Toutefois si chacun est libre d'avoir une religion (un credo), je me méfie des théories totalisantes qui se disent scientifiques alors qu'elles sont idéologiques. L'évolution naturelle des théories scientifiques au fil du temps, par l'apport de nouvelles données, est ce qui fait la spécificité et la grandeur de la science.

À l'échelle de notre société, je pense que renforcer l'éducation des jeunes en biologie, mais surtout en histoire et en sciences humaines, est primordial si l'on ne veut pas que notre société continue de se faire manipuler par des intellectuels et des politiciens ignares. Contrairement à ce que l'on peut entendre ici et là, ce ne sont ni l'immigration ni la grippe aviaire qui seront les enjeux des années à venir. En revanche, les départs à la retraite de la génération des baby-boomers et la prise de pouvoir des femmes dans la société pourraient avoir des conséquences importantes, pour l'instant difficiles à prévoir, que je développe plus loin.

– 11 –

LES EFFETS DE LA MODIFICATION DE LA TERRE PAR LES HOMMES ET CEUX DE LA MONDIALISATION

Depuis que l'Homme existe, il modifie son environnement et l'écosystème dans lequel il évolue. Ces changements se sont accélérés avec l'accroissement de la population mondiale et le début de l'expansion européenne sur les autres continents au XVIe siècle. Certains appellent cette nouvelle ère de l'histoire de la Terre « l'anthropocène », caractérisé par les effets de l'activité humaine sur la planète. La mondialisation a, selon moi, commencé avec la découverte de l'Amérique et les échanges d'espèces végétales, animales et microbiennes entre ce continent et l'Europe, puis l'Afrique, l'Asie et l'Océanie.

Cette diffusion mondiale des espèces, autrefois localisées, va de pair avec une baisse de la biodiversité car certaines espèces envahissantes éliminent petit à petit des espèces autochtones moins résistantes. Avec la mondialisation accélérée du XXIe siècle, le déclin de la biodiversité est particulièrement brutal.

La multiplication des transports de marchandises et

des hommes facilite en outre la diffusion de virus et de bactéries pathogènes et accroît le risque d'épidémies mondiales. À l'échelle humaine, la mondialisation accroît enfin les métissages de populations et de gènes, ce qui est un facteur de créativité.

La mondialisation n'est pas un phénomène récent !

La mondialisation favorise les échanges d'espèces animales, de plantes et de microbes. On appelle espèce envahissante une espèce étrangère qui va progressivement prendre la place des espèces indigènes et ainsi transformer l'écosystème initial. Une étude récente sur la migration des espèces dans le monde montre qu'en particulier différentes espèces ont envahi l'Europe : des mammifères comme les ratons laveurs américains, les merles à bec jaune, certains insectes comme le moustique-tigre mais aussi des papillons et certains microbes. Il y a un flux général mais le sens de ces migrations part principalement de la zone intertropicale humide où il y a le plus de biodiversité, pour se répandre vers les zones plus tempérées.

D'ailleurs, cela amène ceux qui ne sont pas paralysés par la peur des changements à s'interroger sur les effets du réchauffement climatique, qui pourrait peut-être représenter une chance pour l'humanité en favorisant à terme une augmentation de la biodiversité de la planète et renverser ainsi la tendance actuelle. Globalement le froid tue plus que le chaud et la chaleur humide est plutôt un facteur de prolifération de la biodiversité.

L'année 2015, particulièrement chaude dans l'hémisphère Nord, a engendré des récoltes extraordinairement abondantes qui ont entraîné un excès de production alimentaire, une baisse des prix et une crise agricole non prédite par les catastrophistes.

Le mouvement de colonisation des espèces tropicales dans les autres régions du monde, facilité par les voies de transport modernes, n'est toutefois pas un phénomène récent. C'est ainsi que la majorité des légumes que l'on consomme aujourd'hui en Europe ont été importés d'Amérique centrale, au moment de la colonisation de celle-ci.

Les Européens s'étaient distingués dans l'élevage d'animaux tandis que les Amérindiens étaient très doués pour la culture des végétaux. Lors de la conquête de l'Amérique, la rencontre de ces deux cultures a donné lieu à des échanges mutuels. La grande majorité des légumes comme la pomme de terre ou la tomate, incontournable ingrédient de la cuisine méditerranéenne, datent de moins de trois siècles ! Il faut essayer d'imaginer ce que les Français mangeaient au XVe siècle : principalement du chou et du pain. Il y avait peu d'autres aliments : ni maïs, ni tomate, ni haricots blancs, ni poivrons, ni chocolat !

L'histoire de la pomme de terre rendue populaire en France par l'agronome Antoine Parmentier est plus connue. Selon la légende, en faisant croire que son champ planté de tubercules était réservé aux nobles, il aurait réussi à inciter la population parisienne à en voler la nuit, transformant le légume mal aimé en denrée de choix. Il est drôle d'entendre les grands défenseurs du terroir chanter les plats « traditionnels », car en réalité parmi les spécialités culinaires françaises, peu existaient avant le XVIIe ou le XVIIIe siècle, ni les tomates provençales, ni le cassoulet ! C'est grâce à la conquête de l'Amérique que nous pouvons aujourd'hui manger des tomates farcies, de la ratatouille ou des frites. De même il est faux de croire que les Africains ont toujours mangé du piment puisqu'il a été importé d'Amérique, comme la plupart des légumes de la cuisine africaine contemporaine.

À l'inverse, les Européens ont colonisé l'Amérique avec leurs animaux d'élevage (chevaux, vaches, moutons, etc.). Cependant, quelques tentatives ont échoué, comme celle d'importer des chameaux, qui ne se sont pas implantés sur le continent américain. De façon similaire, certains aliments n'ont pas non plus été mondialisés. Ainsi au Mexique, les habitants mangeaient du chien et du cochon d'Inde (baptisé ainsi par les colons du XVIe siècle). Encore aujourd'hui au Pérou, certaines tribus quechuas reculées, les descendants des Incas, élèvent des cochons d'Inde à la place de nos poulets. Pourquoi les Européens ne se sont-ils pas mis à manger ces viandes de chien (que l'on retrouve pourtant aussi en Asie et en Océanie) et de cochon d'Inde ? Nous n'en savons rien.

Contrairement à ce que pensait Darwin, on ne sait pas quelles espèces vont se mondialiser ou pas. Darwin croyait que les espèces provenant d'endroits isolés, comme les îles, étaient trop spécialisées pour pouvoir s'adapter à un autre environnement. Or, cette idée ne se vérifie pas empiriquement. Par exemple l'arbre à pain, natif de l'archipel de Polynésie, s'est répandu a contrario dans de nombreux pays tropicaux.

Rats des villes et souris de laboratoire

Certaines espèces bénéficient des activités humaines et des nouveaux écosystèmes créés par les hommes. C'est le cas des rats des villes et des souris de laboratoire. Dans les villes du monde entier, les rats ont pris la place de nombreuses autres espèces parce que les mammifères sauvages y sont peu nombreux. L'apparition de ces rats des villes, importés d'Orient, est assez récente, elle date de l'époque de la reconstruction des villes au Moyen Âge et leur dissémination a été favorisée par les voyages en bateau.

Dans les laboratoires, c'est une autre espèce qui est devenue prédominante : la souris blanche. Un de mes amis, un évolutionniste radical, soutient que le plus grand succès évolutif chez les mammifères du XXIe siècle est la souris de laboratoire ! Il est vrai qu'il y en a des millions. Ces souris sont très adaptées à l'environnement de nos laboratoires et leur population se multiplie à une vitesse phénoménale. En outre, les biologistes ont créé plusieurs sous-espèces en leur greffant par exemple des gènes humains pour les étudier. Ces souris se sont adaptées à leur écosystème de façon incroyable !

Si vous comparez le succès évolutif de ces souris avec celui des chimpanzés, nos cousins les plus proches, cela laisse rêveur. Le fait d'interdire les chimpanzés à la fois dans les zoos et dans les expériences de recherche médicale va faire chuter considérablement leur nombre, sachant qu'ils sont déjà en voie de disparition à l'état sauvage du fait de la déforestation et de la consommation de leur viande par l'Homme. En perdant leur utilité pour notre société, ils risquent donc de s'éteindre.

En revanche et étonnamment, ce n'est pas le cas des tigres puisque leur population connaît un regain notable grâce à la mode assez répandue des tigres domestiques chez les millionnaires américains. L'ancien champion de boxe Mike Tyson en avait ainsi quatre chez lui. Le nombre total de tigres de compagnie aux États-Unis (peut-être 4 000) dépasse aujourd'hui le nombre de tigres sauvages dans le monde entier. J'ai fait cette découverte récemment et cela m'a irrité car j'avais anticipé une situation inverse. Lorsque j'enseignais mes premiers cours sur l'évolution, je disais à mes étudiants de ne pas se fier aux apparences, que si le chat paraissait moins évolué et moins puissant que son cousin le tigre, sa population était en pleine croissance tandis que les tigres allaient bientôt disparaître. Or ce n'est pas ce qui s'est passé. L'enfer étant toujours pavé de bonnes intentions, les défenseurs des chats ont exterminé, en les châtrant, les populations urbaines sauvages (quand j'étais jeune il y en avait à chaque coin de rue). Alors que les tigres, devenus animaux domestiques, ont proliféré. Il s'est donc passé l'inverse de ce que j'avais prédit.

Une diffusion des virus autour de la planète

La mode des rats blancs domestiques en France a été à l'origine de la prolifération d'un pathogène, une autre illustration des effets des comportements humains sur l'écosystème. Il s'agit d'une maladie très rare, due à un virus proche de la variole (un pox virus), qu'une fillette avait contractée en portant un rat blanc sur son cou. Un autre pox virus a provoqué une épidémie aux États-Unis à cause, cette fois-ci, de la mode des chiens de prairie domestiques (des sortes de marmottes). Les riches propriétaires américains de ces animaux ont contracté une maladie appelée « monkey pox » (virus de la variole des singes). De façon intéressante, cette épidémie a permis de lever le voile sur la vraie origine de ce virus découvert dans les années 1970 au moment de l'éradication de la variole en Afrique. L'analyse des derniers cas suspects indiquait que les malades étaient infectés par des virus très proches de celui de la variole humaine mais non transmissibles entre humains. On a alors considéré que ce virus était lié au singe sauvage. Mais à partir de l'analyse des virus identifiés sur les chiens de prairie domestiques, les scientifiques ont pu retracer une autre histoire. Ils ont compris que le virus avait été transmis par des petits rongeurs importés d'Afrique (porteurs asymptomatiques du virus) placés au voisinage des chiens de prairie dans les animaleries. Cela a donc révélé que le monkey pox était une maladie des rongeurs et non pas des singes.

Cette découverte devrait amener à se méfier du principe de précaution car on ne peut jamais savoir par avance d'où le danger viendra ; les effets indirects d'une modification de l'écosystème sont souvent imprévus. C'est pourquoi je suis plutôt en faveur du principe de vigilance. Dès que quelque chose de nouveau apparaît, une investigation devrait être lancée car plus une épidémie est prise à temps, plus les chances de l'arrêter sont fortes.

L'Homme entraîne une baisse de la biodiversité

La mondialisation entraîne une homogénéisation des espèces aux dépens de la biodiversité. Cela ne signifie pas qu'il y a moins de vie quantitativement parlant, il y en a autant voire plus qu'avant, mais la mondialisation restreint la variabilité, du fait que certaines espèces se sont implantées dans le monde entier et ont pris la place des espèces locales. C'est vrai pour les légumes, les plantes, les animaux et les microbes.

Il y a plus d'espèces de microbes dans les îles désertes que dans les îles habitées, de la même façon qu'il y a une plus grande variété de plantes et d'animaux dans la forêt vierge que dans une ville. L'humain par sa présence provoque une baisse de la biodiversité visible et invisible. Une chercheuse de mon équipe a réalisé un travail comparant les populations de virus sur une île déserte et sur une île occupée par les hommes ; sur cette dernière, elle a observé une baisse très importante de la diversité virale. Puis, elle a fait une étude similaire en comparant deux points d'eau en Mauritanie, dont l'un très fréquenté par les caravanes et les humains et l'autre non. Là aussi, elle a constaté que la diversité des virus diminuait parallèlement à la hausse de la fréquentation humaine.

L'arrivée de l'Homme dans un lieu vierge crée un écosystème différent car il impose ses propres microbes. On considère qu'il existe entre 70 et 80 branches de bactéries différentes sur terre tandis que l'Homme en abrite seulement trois à cinq types tout au plus. De fait, notre microbiote ne contient pas de bactéries thermophiles (celles qui vivent dans des milieux à plus de 100 °C) ni de bactéries habituées à vivre à des températures basses (proches de 4 °C) ou dans des milieux très salés, pour ne donner que quelques exemples. Plus les humains sont nombreux dans un espace donné, plus leurs microbes sont abondants et s'imposent aux dépens des autres. L'Homme joue donc un rôle essentiel dans la diffusion des organismes et des microbes sur la planète.

L'uniformisation des microbiotes digestifs

La mondialisation se traduit aussi par une homogénéisation des microbes de nos intestins. Bien entendu, ces microbes viennent de notre environnement, en particulier de notre alimentation, où l'on constate une tendance à la baisse de la biodiversité. Dans le monde moderne la nourriture est en effet très normée et contrôlée par des règles sanitaires strictes. On consomme moins de microbes via l'alimentation tout comme on contracte moins de maladies que par le passé car il y a moins de microbes « sauvages ». Même si, il faut le noter, la mode du « bio » (l'alimentation issue de l'agriculture biologique) est une tentative de réaction contre cette normalisation qui a permis d'augmenter la diversité des fruits et légumes par rapport à il y a dix ans, quand il n'existait quasiment plus qu'une seule variété commercialisée de tomate ou de salade ! Actuellement, le nombre des espèces disponibles a augmenté singulièrement.

La domestication de la nature a permis une augmentation spectaculaire de l'espérance de vie, en éradiquant les microbes les plus dangereux, mais aussi de nombreuses plantes empoisonnées ! La généralisation du traitement des eaux usées a également conduit à une baisse des risques de maladies associées. Autrefois, la Nature était le plus grand tueur d'êtres humains.

J'ai analysé dans mon laboratoire les microbes du tube digestif de personnes vivant dans des environnements différents : des personnes souffrant de malnutrition, des patients anorexiques, d'autres obèses avant et après chirurgie digestive, des Pygmées, des Amazoniens, des Africains et des Polynésiens. Globalement, on note un déclin de la biodiversité des microbiotes chez les humains vivant en milieu urbain, par rapport à ceux qui vivent en milieu rural. En Afrique, la biodiversité des microbiotes intestinaux est plus grande qu'ailleurs. Cette différence serait liée notamment à une alimentation traditionnelle plus riche en légumes (dont on sait qu'ils sont de grands vecteurs de microbes). De fait, des études ont montré que les végétariens avaient également un microbiote plus riche en microbes divers que les omnivores et encore plus que les carnivores.

En outre, la baisse très marquée de la diversité de la flore intestinale est parfois associée à certaines pathologies, en particulier la malnutrition. D'après mon hypothèse, toute anomalie du microbiote – qui joue le rôle de ligne de front contre les pathogènes – peut expliquer le développement de septicémies respiratoires ou digestives.

Selon la nature de leur microbiote, on peut séparer les humains en trois grands groupes qui reflètent leur lieu de vie, leur métabolisme et leur alimentation. Cette méthode de classification en trois groupes a été mise au point par une équipe française de l'INRA à partir d'échantillons prélevés en Chine, en Europe et aux États-Unis. Toutefois, la signification de ce classement reste incertaine.

Non, la résistance aux antibiotiques n'augmente pas en France !

Chaque changement, lié ou non à l'Homme, entraîne une modification de l'environnement. Il se crée en permanence des nouveaux écosystèmes. L'hôpital de la Timone à Marseille, où je travaille, regroupe environ 8 000 personnels de santé et administratifs et 1 800 patients. Cet écosystème hospitalier est comparable à une ville dans la ville, avec des spécificités propres à sa nature de centre de soins.

La circulation de nombreux antibiotiques favorise ainsi la sélection de bactéries résistantes à ces molécules (sinon elles disparaîtraient), cela crée donc un écosystème de résistance aux antibiotiques. Ce qui est intéressant, c'est de constater qu'après trente ans, l'écosystème a changé : les bactéries résistantes ne sont plus les mêmes car la nature des antibiotiques utilisés par les médecins a changé. Ainsi la résistance à la tétracycline, un vieil antibiotique, a quasiment disparu aujourd'hui car cet antibiotique n'est plus beaucoup utilisé. Le pourcentage de bactéries résistantes dans les hôpitaux est cependant stable dans le temps, car la nature des germes résistants évolue. Ainsi les staphylocoques dorés qui étaient très résistants il y a vingt ans le sont beaucoup moins aujourd'hui, ce qui est une bonne nouvelle car ce sont de grands tueurs. Quand une famille d'antibiotiques est moins prescrite et donc moins présente dans l'écosystème, les résistances à ces molécules déclinent. Deuxième bonne nouvelle, il reste toujours des antibiotiques efficaces pour soigner les infections chez l'Homme, nous le détaillerons plus loin[1]. Cela illustre l'idée que les écosystèmes changent en permanence. La résistance aux antibiotiques est un magnifique modèle de l'importance des écosystèmes.

Contrairement à ce que nous martèlent certains experts et le gouvernement, la résistance aux antibiotiques n'augmente pas du tout en France. Certaines bactéries deviennent plus résistantes et d'autres moins, c'est tout. Selon un récent rapport de l'État, la résistance aux antibiotiques serait à l'origine de 12 500 morts par an en France et représenterait une menace à combattre de toute urgence. C'est un fantasme, aucune donnée réelle ne correspond à cela ! Toujours selon la thèse officielle,

1. Voir chapitre 12 sur la créativité persistante.

la résistance bactérienne serait liée, en France, à une prescription d'antibiotiques supérieure à celle des autres pays européens. Le discours peut sembler logique mais il est le reflet d'une grande ignorance !

Cette peur est totalement démesurée, je peux vous en donner l'explication au regard de ma propre expérience depuis trente ans.

La résistance des bactéries dépend d'une part de l'écosystème environnant, par exemple les antibiotiques administrés par les médecins en ville et dans les hôpitaux, mais aussi ceux donnés dans l'agriculture dont le rôle est encore bien trop sous-estimé. On se rend compte en effet qu'une grande partie des épidémies humaines de bactéries résistantes (*Escherichia coli*, staphylocoque doré et *Clostridium difficile* par exemple) proviennent des élevages, en particulier de porcs et de poulets. L'Europe a cru remédier à cela en interdisant les antibiotiques comme facteurs de croissance, mais ils sont toujours utilisés et donnés aux animaux en prévention des épidémies. Cette source de résistance est donc contrôlée par les agriculteurs et par les médecins. À Marseille nous avons travaillé sur une épidémie d'infection urinaire due à un entérocoque, le deuxième germe le plus souvent responsable dans ce type d'infection fréquente. Deux publications scientifiques à ce sujet évoquaient un lien avec les poules. En analysant des poulets achetés sur le marché de Marseille, nous avons pu détecter un taux élevé d'entérocoques. Nous en avons déduit que le germe venait bien de la volaille et avait été transmis aux humains, en particulier aux femmes, plus sensibles aux infections urinaires, du fait de la nature de leur écosystème, que les hommes. Il faudra donc développer des moyens de détection des germes épidémiques dans le secteur agricole pour faire face à ce type de problème.

La résistance aux antibiotiques provient également d'épidémies de gènes de résistance au sein des populations de bactéries. Apportés par des virus ou des plasmides (des équivalents de virus), ces gènes de résistance sont intégrés par les bactéries, ce qui leur confère un avantage pour se protéger de l'antibiotique présent dans l'environnement. Toutefois, les bactéries ont tendance à s'en débarrasser quand l'antibiotique est éliminé de l'écosystème, car tout gène supplémentaire représente un frein à leur croissance. C'est ainsi que l'on voit les épidémies de résistance disparaître soudainement sans motif apparent.

Il faut bien savoir que la première résistance aux antibiotiques transmise entre bactéries a été identifiée il y a cinquante-cinq ans chez une bactérie appelée *Shigella*. Cette résistance avait été transférée à partir d'une bactérie *E. coli* via un plasmide (une sorte de virus). Une équipe de mon laboratoire travaille d'ailleurs sur la mucoviscidose, une maladie génétique héréditaire, pour laquelle les infections bactériennes peuvent augmenter le risque de mortalité. Or de nombreuses bactéries affectant les personnes atteintes de cette pathologie sont devenues résistantes aux antibiotiques, à cause de gènes de résistance – en particulier aux staphylocoques dorés – transmis par des virus. Ces découvertes récentes doivent nous inciter à développer les outils nécessaires pour reconnaître de nouvelles épidémies de gènes de résistance aux antibiotiques et pour identifier leurs sources.

Des épidémies mondiales de bactéries résistantes

Les scientifiques arrivent désormais à retracer l'origine des bactéries et de leurs gènes de résistance. Un de ces germes, très embêtant car porteur d'un gène de résistance à l'un des antibiotiques les plus puissants utilisés jusqu'à présent, a été importé d'Inde. La résistance a d'ailleurs été baptisée « New Delhi ». L'importation en Europe s'est faite en partie du fait du tourisme médical des Anglais dans leur ancienne colonie. Voilà clairement l'illustration d'un effet de la mondialisation. En réponse à ce danger, la Haute Autorité de santé (HAS) a émis des recommandations pour que le personnel de santé soit attentif aux patients revenus de l'étranger. Parmi les pays à risque, en plus de l'Inde, figurent la Grèce, l'Italie, Israël et les pays des Balkans où la résistance « New Delhi » circule beaucoup. Tous les germes de ce type que nous avons détectés à l'hôpital venaient de l'étranger. L'antibiotique auquel ils résistent n'est pas utilisé par les médecins généralistes, donc le problème de la résistance n'a rien à voir avec une consommation excessive d'antibiotiques en ville en France. D'ailleurs les microbes contractés en ville (streptocoques, pneumocoque, légionnelles) ne sont absolument pas résistants. Ce ne sont donc pas les prescriptions des médecins généralistes qui promeuvent la résistance.

En revanche, il existe un vrai danger auquel on devrait s'attaquer, c'est le devenir des eaux usées des hôpitaux, très concentrées en bactéries résistantes. Après traitement des eaux, les boues d'épuration, qui contiennent encore des taux élevés de bactéries résistantes, sont vendues comme engrais à des agriculteurs. Elles pourraient être la source de cas de résistance aux antibiotiques chez les animaux de ferme. C'est là un sujet à creuser pour avancer concernant cette véritable problématique.

Pèlerinages, rassemblements de masse et risques épidémiques

La multiplication des mouvements humains sur la planète, lors de voyages d'affaires ou touristiques, représente un facteur de transmission de maladies, tout comme les rassemblements de masse.

Notre laboratoire a travaillé sur le cas du pèlerinage à La Mecque, en Arabie saoudite, où se croisent chaque année entre un et trois millions de personnes venant de divers pays du monde où sévissent des épidémies différentes. Les pèlerins européens rencontrent par exemple des pèlerins venus d'Afrique susceptibles de leur transmettre le virus de la grippe qui sévit toute l'année sur ce continent. Quand le pèlerinage a lieu en été, les Français ne peuvent pas être vaccinés à temps car le vaccin contre la grippe n'est disponible qu'en novembre puisqu'il est destiné à couvrir le risque d'épidémie hivernale en Europe.

Les autres risques infectieux, comme ceux de la méningite et de la poliomyélite, sont en revanche très bien contrôlés par l'Arabie saoudite qui exige des vaccinations à jour pour tous les pèlerins. Au fur et à mesure, les exigences de protection se renforcent mais il n'empêche que la mondialisation et les rencontres de masse ne font qu'accroître ces risques d'épidémies.

Les germes étrangers importés peuvent ensuite s'implanter à l'intérieur d'un hôpital et y engendrer des épidémies. C'est vraiment un nouveau risque créé par la mondialisation.

Il a été démontré également que la Gay Pride, la célébration annuelle pour l'égalité des droits des homosexuels, était associée à une augmentation des maladies sexuellement transmissibles, notamment en France. L'étude de ces risques a d'ailleurs donné lieu à une nouvelle spécialité : « la médecine des rencontres de masse ». C'est en Inde que les plus grands rassemblements humains au monde ont lieu, principalement des pèlerinages religieux, encore plus fréquentés que celui de La Mecque. Mais pour l'instant peu d'études se sont encore penchées sur les risques infectieux associés à ces rassemblements humains en Inde.

Le risque de pandémie grippale : à relativiser

Bien qu'il soit nécessaire d'être vigilant face aux risques de pandémies, favorisés par la mondialisation, il ne faut pas non plus tomber dans l'excès inverse en affolant la population pour rien, comme ce fut le cas avec les épisodes de la grippe aviaire et de la grippe H1N1 qui ont conduit à des réactions et des prédictions démesurées.

Jusqu'à très récemment, la grippe était considérée comme une maladie uniquement virale. C'est encore ce que divulgue aujourd'hui le discours officiel, qui a toujours quinze ans de retard sur la recherche. À l'origine, la grippe a été identifiée comme une maladie liée au froid, d'où son nom italien *Influenza di freddo* (influence du froid). Puis est survenu l'épisode terrible de la grippe espagnole causée par un virus mutant, apparu aux États-Unis (et non en Espagne), qui a fait 40 millions de morts, dont de nombreux jeunes gens au début du XXe siècle. C'est à cause du souvenir de ce cataclysme que l'épidémie de grippe aviaire en 2003 a suscité autant de frayeur et des dépenses de santé colossales.

Cependant, on sait désormais qu'une hécatombe comme celle de la grippe espagnole ne se reproduira pas. J'avais tenté d'attirer l'attention du ministère au moment de l'affolement démesuré autour de la grippe H1N1 en 2009, mais en vain. En pratiquant l'autopsie de cadavres de victimes de la grippe espagnole du début du XXe siècle (qui avaient été conservés par congélation), une équipe américaine a démontré qu'ils étaient morts de surinfections bactériennes et rarement directement à cause du virus de la grippe. Les malades étaient morts car ils n'avaient pas eu accès aux antibiotiques. Or aujourd'hui, nous disposons de suffisamment de molécules pour nous prémunir de telles infections, ce qui minimise considérablement les dangers d'une pandémie grippale. En outre, nous savons aujourd'hui que la meilleure prévention contre la grippe, c'est le vaccin contre le pneumocoque, car une fois sur trois les complications de la grippe sont liées à la surinfection par le pneumocoque. Au final, la grippe n'est pas qu'une simple maladie virale car elle est associée à des infections bactériennes. D'autres cas de l'intérêt des antibiotiques dans les maladies virales sont connus : par exemple, c'est un antibiotique (secrété par un microbe) qui vient de démontrer son efficacité contre une autre maladie virale, le chikungunya. Il s'agit de l'ivermectine (antibiotique naturel actif également contre les vers, le staphylocoque et les poux) qui vient de valoir à ses deux codécouvreurs le prix Nobel de médecine 2015. Un autre (la teicoplanine) est actif contre le virus Ebola.

Il n'est donc pas certain que ce soit le virus qui tue, ni que la grippe soit due au froid. Au contraire, en Afrique, où la grippe sévit toute l'année, il y a plus de cas pendant la saison des pluies. En plus, de façon incompréhensible en 2009, lors de la pandémie H1N1, la grippe s'est arrêtée avant l'hiver en Europe ! Enfin, parmi les pèlerins revenus de La Mecque en France l'été 2014 que nous avons étudiés dans notre laboratoire, 14 % étaient porteurs du virus de la grippe dans la gorge mais aucun n'a développé la maladie. Cela signifie qu'il y a d'autres facteurs dans l'environnement qui permettent à la grippe de se déclencher ou non, le virus grippal ne suffit pas. Parmi eux, je pense qu'une partie des bactéries de nos muqueuses (microbiote), qui passent leur temps à lutter contre les virus étrangers, jouent un rôle de protection contre la grippe. Il est également probable que les phénomènes atmosphériques (chaleur, froid, humidité) jouent aussi un rôle, médié par le microbiote.

De façon similaire, la diphtérie et la scarlatine sont des maladies associées à des bactéries mais qui ne se déclenchent que lorsqu'un virus décide d'infecter la bactérie et lui donne une toxine. Sans ce virus et malgré la présence du même streptocoque, il n'y aura pas de scarlatine.

*
* *

Cette nouvelle mise en perspective, qui montre notre degré d'ignorance sur les maladies infectieuses, explique mon opposition farouche aux modèles prédictifs. Comment voulez-vous prévoir le nombre de morts liées à une épidémie de grippe quand les modèles expérimentaux ne prennent pas en compte le rôle des infections bactériennes et quand on ne comprend ni les modes de transmission ni le rôle des saisons ? Ce n'est pas raisonnable. Et pourtant, c'est ce qui a été fait en 2003 pour la grippe aviaire et en 2009 pour la grippe H1N1, avec des modélisations mathématiques et des prédictions apocalyptiques de millions de morts, qui ne se sont évidemment jamais vérifiées. Le gouvernement avait estimé qu'il fallait 700 lits supplémentaires à Marseille alors que 20 lits ont été nécessaires au moment du pic de l'épidémie de H1N1. On aurait cru assister à la préparation de défense contre une guerre nucléaire. Voilà ce qu'engendrent l'émotion surstimulée et le catastrophisme ! Ce qu'il aurait fallu faire, à mon avis, c'est agir raisonnablement et au fur et à mesure. Je l'avais dit lors de mon intervention au Sénat, on a été incapable de s'adapter aux modifications de la connaissance scientifique. Quand l'étude sur les causes des décès liés à la grippe espagnole a été publiée, le gouvernement aurait dû intégrer ces données et donc changer de discours et de stratégie.

Les épidémies sont dues à des clones virulents

Les avancées de la recherche ne révolutionnent pas seulement notre approche de la grippe mais aussi notre compréhension des épidémies en général. Jusqu'à présent, nos moyens techniques nous permettaient de dire que telle maladie était due à telle espèce de bactérie, par exemple la tuberculose à *Mycobacterium tuberculosis*, la fièvre typhoïde à *Salmonella typhi*, certaines infections au staphylocoque doré, d'autres à *E. coli* ou à *Clostridium difficile*. C'était encore il y a cinq ans la théorie dominante : un germe, une maladie. Aujourd'hui, grâce aux progrès de la science, en regardant les génomes de ces microbes nous constatons un degré de diversité très élevé. La plupart de ces espèces de microbes sont aussi anciens (50 millions d'années) et aussi divers à leur échelle que les mammifères le sont à la nôtre. Quand on disait détecter une bactérie *E. coli*, c'était un peu comme si l'on disait « j'ai vu un mammifère », sans préciser si c'est une souris ou un tigre. Les outils actuels permettent de différencier des mutants ; épidémies distinctes. Certains staphylocoques dorés donnent des septicémies, d'autres semblent protéger la peau de l'invasion des staphylocoques dangereux. Ainsi il n'y pas une seule tuberculose. Selon le clone de *Mycobacterium tuberculosis*, la tuberculose sera plus ou moins contagieuse et dangereuse. Pour reprendre la métaphore précédente, le risque n'est pas le même quand on croise une souris ou un tigre, même si ce sont tous deux des mammifères.

Un exemple récent concerne la fièvre typhoïde, très fréquente dans les pays du Sud. Des chercheurs ont séquencé plusieurs milliers de bactéries *Salmonella typhi* isolées sur des malades. Ils ont observé que la moitié des 1 800 microbes analysés étaient issus d'un seul mutant ! C'était en réalité une pandémie qui avait tué des milliers de gens mais personne ne l'avait compris car les outils ne permettaient pas de voir qu'un clone dangereux circulait et qu'il était confondu avec les autres. Auparavant on pensait qu'il existait un « fond » de thyphoïde et que la maladie apparaissait dans des conditions insalubres quand les eaux usées n'étaient pas traitées. Or la réalité, c'est qu'un mutant très pathogène et plus dynamique que les autres est apparu il y a trente ou quarante ans et a envahi le monde. La mondialisation favorise aussi la circulation de ces clones épidémiques.

En Angleterre, une étude a révélé que jusqu'à 25 % des infections à staphylocoque doré étaient dues à un nouveau mutant et que jusqu'à 30 % des infections à *E. coli* étaient aussi dues aux nouveaux mutants dont on pense que la source était dans les fermes d'élevage anglaises. Le mutant « Pékin » du bacille de la tuberculose, apparu depuis quarante ans en Chine, est aujourd'hui responsable de 10 % des cas de cette maladie dans le monde. Ce mutant est plus contagieux que les autres et capable d'accumuler plus de résistances aux antibiotiques, il est donc beaucoup plus dangereux. De façon similaire, un mutant (O27) de l'espèce *Clostridium difficile*, identifié il y a quinze ans, a été responsable d'une épidémie fulgurante, apparue il y a deux ans à Marseille ; elle a tué

50 personnes durant les six premiers mois, avant que l'on parvienne à mettre en place une méthode de traitement efficace par greffe fécale. O27 serait à l'origine de 15 à 20 % des infections en Europe et aux États-Unis de *C. difficile* qui conduisent à 30 000 morts par an.

Les maladies bactériennes liées à des mutants virulents de *E. coli*, *Clostridium difficile* et staphylocoque doré sont celles qui tuent le plus en France. Ce sont là les vrais risques émergents, même si personne n'en parle. À l'inverse, en dépit du tapage médiatique, ni Ebola, ni le MERS Corona ni la maladie de la vache folle ni les virus de la grippe aviaire H5N1 et H7N9 ni le SRAS n'ont jamais représenté de menace importante dans notre pays !

Dengue, chikungunya et Zika en France métropolitaine : des cas, mais pas d'épidémie

Depuis que les températures moyennes augmentent en Europe à cause du dérèglement climatique, certaines maladies, qui étaient cantonnées à des régions au climat doux, se diffusent plus au nord de notre continent.

La maladie que les gens appelaient « la fièvre de Marseille » (la fièvre boutonneuse méditerranéenne), qui est transmise par les tiques, ne sévit habituellement qu'au sud de Lyon car les tiques ne se développent pas plus au nord, où le climat est trop froid, en particulier l'hiver. Cependant, on a commencé à trouver de petits foyers au nord de Lyon, car les tiques arrivent à survivre durant l'hiver dans les interstices des maisons chauffées. Si le climat continue de se réchauffer, les tiques remonteront peut-être jusqu'à Dunkerque ! De même on observe de plus en plus de cas de la maladie de Lyme, transmise par une autre espèce de tique, au nord de l'Europe, jusqu'aux forêts de la Suède, depuis que la température en Europe du Nord augmente.

Un des autres effets de la mondialisation est la diffusion de certaines maladies tropicales dans les zones plus tempérées. De nombreuses personnes s'inquiètent ainsi des cas de chikungunya et de dengue apparus pour la première fois en France en 2010. J'avais été le premier à évoquer cette possibilité d'arrivée en Europe de maladies tropicales en raison de la venue de vecteurs associés, en particulier le moustique tigre (*Aedes albopictus*) dans le sud de la France depuis 2004. Avant cette date, cette espèce de moustique n'existait pas en métropole. Les moustiques tigres s'implantent dans le monde entier, leur dernière conquête en date est l'Amérique du Sud. Originaire du Sud-Est asiatique, cet insecte s'est diffusé partout, en particulier via le transport de conteneurs de pneus. Ce moustique aime s'installer dans des bassins d'eaux stagnantes, notamment dans les pneus (où il reste toujours un peu d'eau de pluie), et ces gîtes larvaires sont ensuite transportés d'un pays à l'autre. Ces moustiques sont très adaptés à la ville et de plus ils sont anthropophiles (ils se nourrissent sur l'Homme) à la différence des moustiques des marais de Camargue. Ils ont en outre la capacité à transmettre, outre le chikungunya et la dengue, le virus zika qui a flambé en Polynésie française, aux Antilles et en Amérique du Sud. Plus dangereux que le chikungunya, ce virus peut aussi, dans de rares cas, être transmis par voie sexuelle.

Les Français sont très effrayés par le risque de ces maladies tropicales transmises par les moustiques. Toutefois, il n'y aura pas d'épidémie en France pour la simple raison que les moustiques vecteurs ne survivent pas au climat froid de l'hiver. Le moustique n'étant que le vecteur de la maladie, pour la transmettre, il doit piquer des personnes infectées. Si un voyageur revient malade en métropole, il pourra être piqué par un moustique qui contaminera quatre à cinq personnes au plus. Mais dès que les températures baissent, les moustiques meurent et les patients ont alors le temps de guérir (de s'assainir) jusqu'à la prochaine saison. Il faudra donc un nouveau voyageur infecté pour que de nouveaux cas se déclarent mais il n'y aura pas d'épidémie comme en Afrique. Notre écosystème, en France, ne permet pas le développement de ces maladies tropicales. C'est également pour cette raison que le paludisme n'est pas endémique en France métropolitaine. Les maladies transmises par les moustiques ont du mal à s'y fixer car les moustiques sont saisonniers et il n'existe pas de réservoir humain pour les virus. Et pourtant, l'écho médiatique des trois à quatre cas recensés de dengue et de chickungunya à Montpellier et à Marseille a été complètement démesuré ! Et désormais, toutes les structures politiques redoutent un éventuel scandale. C'est une réaction émotive, non raisonnée. On sait que les infections aiguës tuent de moins en moins dans le monde et en France. Les plus mortelles en France sont celles liées aux bactéries *C. difficile*, staphylocoque doré et *E. coli* et aux virus de la grippe, des hépatites B et C et du sida.

Le paludisme, un frein au colonialisme européen

Beaucoup considèrent que la colonisation de l'Afrique a été longtemps rendue impossible par la présence du paludisme, maladie à laquelle 100 % de la population européenne est sensible, tandis qu'une partie non négligeable de la population africaine y est résistante génétiquement. Il y a aussi un phénomène d'immunisation car les enfants africains, piqués de nombreuses fois par les moustiques porteurs du parasite et qui n'en meurent pas, sont en quelque sorte vaccinés. Ce frein à la colonisation conféré par le paludisme est un exemple extraordinaire des réponses des écosystèmes à nos interventions. La Nature est indifférente à nos velléités humaines !

La lutte contre le paludisme fut, et est encore, très laborieuse : c'est la lutte du vivant (l'Homme) contre le vivant (moustique, parasite) ! Le premier antipaludique utilisé, la quinine, extraite d'une plante, s'est montré assez efficace mais présentait des problèmes de tolérance et des prises répétées ont pu conduire à des décès. Ensuite, le rôle du parasite véhiculé par le moustique dans la transmission a été identifié par Alphonse Laveran, un Français récompensé par le prix Nobel au début du XXe siècle. L'invention de la moustiquaire s'est révélée très utile pour se protéger durant le sommeil car les moustiques piquaient principalement la nuit de 23 heures à 6 heures du matin. Différentes stratégies ont alors été déployées, la moustiquaire chez les colons, la diffusion massive de DDT pour tuer les moustiques dans les zones humides et la prophylaxie (prévention) avec la nivaquine. L'emploi du DDT a été incontestablement un succès en faisant reculer le paludisme mais les moustiques sont ensuite devenus résistants au DDT, puis le parasite est devenu résistant à la nivaquine… Cela a provoqué un véritable désastre en Afrique. Une deuxième stratégie a alors été mise en place : la moustiquaire imprégnée d'insecticide pour empêcher les moustiques de piquer la nuit puis la prophylaxie avec l'artémisinine, une nouvelle molécule extraite d'une plante médicinale chinoise découverte par la lauréate du prix Nobel de médecine 2015, Tu Youyou.

Sur notre site d'observation au Sénégal, nous avons toutefois constaté un nouveau début de rebond du paludisme. Cela nous a paru compréhensible du fait que des moustiques, qui jouaient jusqu'alors un rôle très mineur dans la transmission de la maladie et qui piquent durant le jour et pas seulement la nuit quand les gens sont protégés par les moustiquaires, se sont mis à jouer un rôle plus important, notamment en commençant à devenir résistants aux insecticides et à l'artémisinine. Nous n'arriverons très probablement pas à fabriquer un vaccin car le paludisme n'est pas une maladie immunisante. Les Africains peuvent être immunisés après quarante épisodes de la maladie, mais il leur suffit de séjourner dix-huit mois en Europe pour perdre leur immunisation… Voilà donc une maladie purement liée à l'écosystème. Notons aussi que le paludisme, originaire d'Afrique, a été importé par les Européens en Amérique du Sud où la maladie n'existait pas avant leur arrivée.

Aujourd'hui, ce même phénomène de mondialisation se poursuit. À l'instar des moustiques tigres, d'autres espèces se répandent sur tous les continents en suivant les pas de l'Homme. Il est difficile de dater précisément le début de l'anthropocène, ce terme qui désigne l'ère moderne où l'Homme est devenu un facteur majeur de transformation de la biosphère, mais il est en tous cas certain que l'Homme a commencé à transformer son environnement très tôt.

La mondialisation a eu et continuera d'avoir des effets positifs et négatifs. Ceux qui s'inquiètent du phénomène actuel ont tendance à oublier qu'il s'agit d'une tendance ancienne. On voit bien que la peur terrible face au réchauffement de la planète est liée à la peur de changer un mode de vie. Or personne ne peut prédire si ce bouleversement sera vraiment aussi catastrophique que nous l'annoncent les médias. On peut penser qu'il y aura aussi des conséquences positives : on pourrait imaginer, par exemple, que toute la Sibérie devienne cultivable ! Ce qui est sûr, c'est que le réchauffement de la planète va transformer notre civilisation, des villes vont disparaître, d'autres apparaître, certaines cultures vont se multiplier, d'autres s'éteindre, etc.

Les anti-OGM n'empêcheront pas leur mondialisation

En étant plus lucide sur le mouvement permanent du monde, on comprend la futilité du principe de précaution. Certains écologistes très conservateurs, notamment sur la question des organismes génétiquement modifiés (OGM), sont également des fixistes car ils pensent que les aliments ont toujours été les mêmes qu'aujourd'hui et qu'il ne faut rien y changer. Or, c'est faux, nous l'avons déjà dit, la majorité des légumes (haricots, maïs, manioc, pommes de terre, tomates, poivrons) et plusieurs fruits (ananas, papaye) en Europe ont été importés d'Amérique il y a trois ou quatre siècles seulement, tout comme le tabac.

La crispation de la France concernant les OGM, unique au monde, vient également d'une méconnaissance de la biologie et de la médecine et de l'utilité des OGM dans ces domaines. Cela fait des années que l'on traite les diabétiques grâce à la production d'insuline par des OGM, des bactéries génétiquement modifiées par l'introduction du gène humain de l'insuline. Dans notre laboratoire, nous fabriquons également de nombreux OGM, en introduisant des gènes dans les bactéries, même si aujourd'hui cela devient plus compliqué car il faut demander des autorisations pour chaque nouvelle expérience.

Ceux qui ont peur des OGM oublient le fait qu'un milliard d'humains sur terre en mangent tous les jours. Il n'est plus temps d'agiter le principe de précaution, il suffit de faire jouer le principe d'observation. On voit bien que ces consommateurs d'OGM ne meurent pas plus jeunes que les autres. Bien entendu, on peut toujours se poser la question de savoir si certains OGM devraient ou non être fabriqués. Cependant, ne nous faisons pas d'illusions, il n'y aura pas de frontière pour les OGM. Que l'on aille faucher quelques OGM dans les champs français ne changera pas la proportion d'OGM à la surface de la Terre !

La bouillabaisse de la mondialisation

Nous l'avons dit et redit, la mondialisation accélère paradoxalement le métissage tout en diminuant la biodiversité. Tout se mélange, à l'image des variétés de poissons qui constituent la bouillabaisse. À l'échelle de la société, le fait que des hommes différents se côtoient amène cependant à plus de diversité locale mais moins de diversité mondiale. Cela est très visible sur le plan culturel. Nous sommes entrés dans une période de respiration évolutive, on l'a vu, avec la fin de l'homogénéisation culturelle du modèle dominant américain. Le métissage est une source de créativité car il accroît la capacité d'évolution en recombinant des caractères très distincts.

À l'échelle humaine, le degré de métissage est plus fort qu'avant, notamment en Europe, facilité par la circulation des personnes depuis plus d'un demi-siècle. Aux États-Unis, les mélanges de populations avaient commencé bien avant. À l'échelle génétique, on observe également une augmentation des métissages résultant des mélanges de populations. En réalité, les chromosomes s'hybrident eux-mêmes. Il n'y a pas d'héritage linéaire des chromosomes. Un chromosome peut être issu d'un mélange des deux chromosomes parentaux. Un enfant n'hérite pas exactement des chromosomes de ses parents et de ses grands-parents. Cette observation souligne à quel point les métissages ont lieu à tous les niveaux, du macroscopique au microscopique.

Eugénisme : quand l'Homme modifie sa diversité génétique

La diversité humaine est-elle en train de diminuer, tout comme celle des microbes, de la faune et de la flore ? Oui, bien sûr, du fait de la disparition des écosystèmes isolés. Par ailleurs, on peut s'interroger sur la portée de l'avortement « thérapeutique » (quelle hypocrisie transpire du choix de ce terme !) qui élimine une partie des humains sous le prétexte qu'ils sont porteurs de malformations ou présentent le risque de développer des maladies dans leur avenir. Certains s'inquiètent du risque d'eugénisme posé par les avancées technologiques, pour ma part, je considère que l'on vit déjà dans une société eugénique ! La suppression des enfants qui présentent une divergence par rapport au modèle dominant commence à se généraliser dans certains pays et c'est déjà le cas en France. Les conseils des médecins sont parfois très directifs et en faveur de l'avortement, si l'amniocentèse ou l'échocardiographie révèle chez l'embryon une anomalie morphologique (une main atrophiée par exemple) ou une maladie gérable et non mortelle… Dans le passé, toutes ces anomalies n'ont pourtant pas empêché les gens de vivre et même de devenir des génies ! Je connais une femme souffrant d'une mucoviscidose qui a été greffée et qui a maintenant un enfant, exerce le métier d'ingénieur et vit heureuse en famille. À son époque le dépistage n'existait pas...

Nous assistons vraiment à une dérive eugénique du conseil génétique et des centres d'échographie sur l'avortement thérapeutique. Certaines équipes médicales poussent spontanément les parents à choisir l'avortement, font culpabiliser les mères qui refusent, c'est terrible d'assister à cela en médecine ! C'est aussi une insulte à l'avenir. Qui sait si nous ne trouverons pas demain un remède contre la mucoviscidose, par exemple ? L'idée de tuer un embryon parce qu'il présente des risques de tomber malade est très inquiétante. Imaginez que nous soyons capables d'identifier les embryons à risque de maladie d'Alzheimer : faudra-t-il les supprimer parce qu'ils risquent de développer cette maladie à l'âge de soixante ans (mais vivraient peut-être très heureux jusqu'à cet âge) ? Je suis très réservé face à cette volonté de normalisation, qui est probablement une séquelle de la surmédicalisation. J'ai reçu des parents qui n'avaient pas voulu faire d'avortement thérapeutique et dont l'enfant aveugle d'un œil (après avoir contracté la toxoplasmose) se porte très bien, est très intelligent, suit un cursus scolaire très bon, et fait le bonheur des siens.

Par ailleurs, je ne suis pas certain que les parents d'enfants trisomiques ou malformés soient plus malheureux que d'autres, d'autant que certains couples sont prêts à tout pour avoir des enfants ! Durant ma formation, j'ai été dans le service de pédiatrie de l'hôpital de la Timone de Marseille, dirigé par Francis Giraud, un médecin généticien et un homme très sage. Un jour, il m'a confié que la situation de ces familles était plus compliquée qu'elle ne pouvait paraître au premier abord. Depuis vingt ans, il recevait des parents et leurs enfants trisomiques. Or, malgré des souffrances en particulier à cause de leurs malformations cardiaques, ces enfants exprimaient une grande joie de vivre et la transmettaient aux leurs. Aujourd'hui, alors que ces enfants ne sont plus autant stigmatisés par la société qu'il y a trente ans, je pense que leurs parents ne sont pas plus malheureux. Le corps médical n'a pas le droit de décider du bonheur des autres à leur place même s'il faut être honnête envers les couples et les prévenir sur ce qui les attend. Les parents d'enfants handicapés en ont assez qu'on leur dise que ce qui leur arrive est le plus grand malheur de la Terre, car ce n'est pas toujours le reflet de leur expérience…

– 12 –

UNE CRÉATIVITÉ PERSISTANTE
LES RÉCENTES DÉCOUVERTES SCIENTIFIQUES

La mondialisation, les activités humaines et le changement climatique sont en train de transformer considérablement notre planète, suscitant beaucoup de craintes. Mais en réalité, la Terre a toujours été en mutation permanente. Contrairement à ce qui est écrit dans la Bible, l'espèce humaine est d'ailleurs une création très tardive de l'histoire de la Terre, apparue après les mammifères et bien après les premiers êtres vivants. La Nature ne cesse de créer de nouvelles espèces et de nouveaux gènes, et les organismes vivants ne cessent d'innover pour survivre, que ce soit par métissage, chimérisation ou adaptation à l'environnement.

À l'échelle de la vie humaine, l'Homme change aussi en fonction de son âge et de son environnement. Ainsi paraissent aberrantes les peines de prison à vie, la notion de récidive ou encore la sélection précoce des étudiants par les concours, des concepts qui sous-tendent l'idée d'une immuabilité de l'être humain. La science révèle aujourd'hui qu'il y a encore plus de créativité que ce que l'on pensait au sein de l'expression de notre génome. La

Nature ne suit pas toujours les mêmes règles et certaines erreurs sont sources d'innovation. Cela nous permet sans doute de nous adapter et d'évoluer en fonction des changements. L'ARN, la première source de créativité du vivant, est en particulier porteur de beaucoup d'espoir en termes d'innovation médicale.

L'Homme aussi est un innovateur permanent. C'est pourquoi les peurs de cataclysmes et d'épidémies meurtrières sont démesurées. Depuis plus d'un siècle, l'Homme a réussi à vaincre les pires tueurs de la planète en fabriquant des médicaments très efficaces (vaccins, antibiotiques, antirétroviraux, etc.). Et cela s'est traduit par un doublement de la durée de vie qui continue à augmenter malgré toutes les prédictions des prophètes de malheur.

L'Homme change tout au long de sa vie : il faut en tenir compte

Comme le disait déjà Lucrèce, il se crée sans arrêt des organismes, certains disparaissent, d'autres apparaissent et tout change en permanence. Les Anciens avaient cette perception du mouvement continu de la vie que nous avons oubliée. C'est pourtant un élément majeur pour comprendre la société humaine. Je pense également qu'il existe une créativité continue et dans ce sens, je pourrais me qualifier de « créationniste ». C'est une erreur d'avoir employé ce mot pour désigner ceux qui ne croient pas à l'évolution mais au récit de la Genèse, la création du monde, de l'Homme et de toutes les espèces en sept jours. Au XIXe siècle les tenants de la vision biblique étaient d'ailleurs appelés « fixistes » car ils pensaient que les êtres vivants créés par Dieu n'avaient jamais changé depuis.

Charles Péguy disait qu'il y a une vertu dans les commencements. Je dirais qu'il y a une explosion de créativité à chaque nouvelle ère, que ce soit dans la peinture, le cinéma ou la musique. Aucun domaine n'évolue de façon linéaire, des phases de créativité intense succèdent à des phases de stabilité puis de destruction. Dans les arts plastiques, la période innovante des impressionnistes n'a jamais été égalée depuis, l'art abstrait n'ayant pas réussi à atteindre l'ensemble de la population. Au XXe siècle, les dessins animés et la bande dessinée ont rencontré plus de succès que la peinture. La créativité musicale du XIXe siècle s'est épuisée en musique classique et n'a pas d'équivalent depuis. Deux autres mouvements, le jazz et le rock avec la pop, ont eu, eux, une croissance rapide et un déclin rapide.

L'idée que les hommes sont les mêmes tout au long de leur vie est déraisonnable. Nous l'avons déjà dit : un enfant de deux ans n'est pas la même personne lorsqu'il est un adulte de vingt ans, de quarante ou de quatre-vingt-dix ans. L'être humain évolue sur le plan physique, physiologique, et psychique. Un violeur à vingt ans ne sera plus un violeur à soixante-quinze ans parce que les pulsions sexuelles diminuent avec l'âge ! D'ailleurs, les femmes ne sont jamais devenues des agresseurs sexuels – c'est un des éléments en contradiction avec la théorie du genre et la volonté de rendre hommes et femmes complètement égaux – car c'est la testostérone qui est à l'origine des pulsions sexuelles et de l'agressivité. En outre, la castration chimique de certains agresseurs sexuels les rend inoffensifs. Cela amène à s'interroger sur la question de la durée des peines de prison, la notion de récidive et la prescription des crimes.

L'absurdité de la prison à vie et de la notion de récidive

La durée des peines de prison est une vraie question dans nos sociétés. Est-il légitime de mettre en prison des personnes pendant trente ou quarante ans ? Cela pose aussi la question de la peine de mort encore légale dans de nombreux pays du monde. Est-ce qu'on tue les criminels pour s'en débarrasser, pour donner l'exemple ou pour économiser de l'argent ? Dans tous les cas, ces criminels ne le sont pas de manière définitive. S'ils ont commis un crime à une époque donnée, cela ne signifie pas qu'ils représenteront encore un danger pour la société une ou deux décennies plus tard. À l'inverse, et je l'ai constaté autour de moi, des enfants adorables peuvent devenir des adolescents agités, parfois avec une tendance psychopathique. Une étude sur la délinquance en France de Laurent Mucchielli, *L'Invention de la violence*[1], a montré que 90 % des adultes reconnaissent avoir fait des choses illégales (vols, bagarres, conduite en état d'ivresse, consommation de cannabis) durant leur adolescence. Cela traduit un besoin de transgression naturel à cette période de la vie. Parmi les jeunes délinquants, ceux qui sont arrêtés ne sont pas forcément les plus

1. Laurent Mucchielli, *L'Invention de la violence. Des peurs, des crimes, des faits*, Fayard, 2011.

dangereux. Mais ceux qui feront de la prison et seront ainsi mis au ban de la société auront ensuite plus de risques de rester dans le milieu de la délinquance. Ce qui tend à montrer l'influence prédominante de l'âge et de l'écosystème sur le caractère et la moralité, prétendument innés mais qui ne le sont pas.

Par ailleurs, je pense que l'idée de récidive est mauvaise. On ne peut pas juger des personnes de façon plus sévère parce qu'elles ont déjà fait de la prison, lorsque les infractions ne relèvent pas du même domaine. Si vous passez devant le tribunal pour avoir conduit un véhicule sans permis et que dix ans avant, vous avez été condamné pour un cambriolage, vous serez qualifié de récidiviste, alors que les faits ne sont pas comparables. L'homme évolue, et notre manière d'être au monde n'est pas pérenne.

Le changement permanent de tout, y compris chez les humains, est très bien expliqué par les Grecs. L'idée se retrouve dans la question posée par le Sphinx à Œdipe : « Quel est l'animal qui marche le matin à quatre pattes, le midi à deux pattes et le soir à trois pattes ? » La réponse est « l'Homme », qui évolue du stade d'un bébé à quatre pattes à celui d'un adulte debout puis d'un vieillard appuyé sur sa canne. Tout change tout le temps.

La sélection précoce des jeunes et le mandarinat : une erreur

Ma conviction de la transformation perpétuelle des choses et des êtres est une des raisons pour lesquelles je suis très hostile à la sélection précoce des jeunes par les concours. Un tel système repose sur l'idée que les capacités intellectuelles d'un jeune de dix-huit ou vingt ans peuvent prédire ce qu'il va devenir plus tard. Qu'un jeune adulte de vingt-quatre ans se retrouve inspecteur des Finances parce qu'il est sorti premier de l'École nationale d'administration (ENA), une formation qui n'a d'ailleurs pas forcément grand-chose à voir avec sa spécialité, est très étonnant. Cela s'appelle du mandarinat. Les mandarins étaient des hauts fonctionnaires au service de l'empereur de Chine triés sur le volet et éduqués dans la tradition de Confucius. L'idée était d'identifier les jeunes ayant du potentiel pour les mettre très tôt dans des filières coûteuses où on les prédestinait à avoir un rôle dans la société. Le système des grandes écoles et du Concours général en France découlent aussi de cette idée et continue à former les élites de notre pays.

Le concept de sélection précoce des esprits brillants est très ancré dans la culture en France, ce qui n'est pas le cas aux États-Unis. Quand j'interroge un Américain au sommet de sa carrière sur sa formation, il va me parler de ce qu'il a fait ces dix dernières années, tandis qu'un Français mettra encore en avant le diplôme qu'il a obtenu à l'âge de vingt-cinq ans, c'est ridicule ! Si ce qu'il a fait de plus brillant dans sa carrière, ce sont ses études, ce n'est pas très valorisant. C'est une habitude très française de se vanter d'avoir fait Normale sup', les Mines, Polytechnique ou d'avoir réussi le concours de l'internat de médecine, comme si cela signifiait encore quelque chose vingt ans après. Ce mode de pensée est lui aussi fixiste, puisqu'il véhicule l'idée qu'en ayant obtenu un diplôme à vingt-cinq ans, la personne restera toute sa vie un énarque, un normalien ou un polytechnicien. D'ailleurs, les Français y croient ! Un homme de soixante ans polytechnicien doit forcément être quelqu'un d'intelligent et d'important. Ce système de sélection précoce a une conséquence très délétère : en France, si vous n'avez pas obtenu le bon diplôme, il vous sera difficile de rattraper le temps perdu. A contrario, aux États-Unis il est fréquent de reprendre des études à l'université à l'âge de quarante ou cinquante ans.

En médecine, le concours d'entrée est une absurdité. Si vous échouez, les voies parallèles sont étroites, à moins de faire ses études en Roumanie ou en Belgique et d'obtenir un diplôme équivalent. Le concours de spécialisation en fin d'études est également une aberration. Il place les étudiants dans des spécialités en fonction de leur classement et non pas de leurs motivations ou de leurs aptitudes physiques et mentales. L'exercice de la chirurgie nécessite pourtant, par exemple, une robustesse et une endurance particulières que ne peut pas refléter une note à un examen. J'estime qu'il ne devrait pas y avoir une voie unique, les gens devraient pouvoir revenir sur leur choix initial de carrière et changer de métier ou de spécialité plus facilement. Ce blocage sur les évolutions professionnelles en France est lié à cette pensée fixiste qui consiste à croire que l'on peut deviner ce que vont devenir les gens en fonction de leur place à un concours ou de leur note au bac ! Il est difficile de sortir de ce modèle car la plupart des gens pensent que cela est vrai et que la réussite est prévisible. Par mon expérience, y compris comme président d'université, je peux vous affirmer que c'est faux ! Certains étudiants en médecine premiers au concours ont eu des carrières médiocres. Par ailleurs, les résultats dépendent en partie de circonstances extérieures. Chacun réagit par exemple différemment au stress : le jour de l'examen, certains étudiants tombent malades ou se décomposent, perdant 80 % de leurs possibilités, d'autres au contraire se surpassent. Il est donc faux de croire que nous sommes toujours la même personne avec des capacités stables.

La Nature : une créatrice insatiable

Pour remettre les choses en perspective, rappelons que l'explosion des mammifères, il y a 50 millions d'années, puis celle des hommes modernes il y a 100 000 ans sont des événements récents à l'échelle du monde. Les premiers êtres visibles ancêtres de ceux que nous connaissons datent d'il y a un milliard d'années, tandis que d'autres êtres vivants de quelques centimètres ont vécu il y a 2,5 milliards d'années et ont disparu sans laisser de descendants. Nous sommes loin du récit mythologique de la Genèse ! La Nature n'arrête pas de créer de nouveaux êtres vivants et cela indépendamment de nous. Bien sûr les hommes modifient leur environnement à un niveau record mais ils font aussi partie de cet écosystème et pourraient disparaître à leur tour pour laisser la place à une nouvelle forme de vie. À très long terme cette hypothèse est tout à fait plausible.

Un groupe de microbes sur lequel j'ai beaucoup travaillé, les rickettsies, dont la spécificité est de parasiter des cellules de vers, d'insectes ou de mammifères, ont donné aux cellules la capacité de respirer il y a un milliard d'années, devenant ainsi des mitochondries, les organelles de la respiration au sein des cellules, et continuent probablement de s'intégrer dans des organismes étrangers, formant ainsi des chimères, de nouveaux êtres vivants. Il est important de préciser que les mitochondries, ces « usines à respirer et à produire de l'énergie », présentes dans les cellules de tous les êtres vivants (sauf les bactéries), ont des origines multiples et ne résultent pas d'un événement unique. Les mitochondries des cellules de pou n'ont ainsi pas la même origine que celles des cellules humaines. Des bactéries différentes ont été absorbées à divers moments par ces cellules pour se transformer en « usines à respirer ». De même, ce sont différents virus qui sont à l'origine de la création du même organe, le placenta, chez les humains et les ruminants. Tout cela illustre le caractère courant de ces métissages entre bactéries, virus et organismes complexes et la créativité continue de la vie.

C'est pourquoi je me considère comme un vrai « créativiste » (ou « créationniste »), un terme que je propose pour qualifier les tenants de la transformation permanente et non pas ceux qui interprètent le récit de la Genèse à la lettre aux États-Unis, comme c'est le cas aujourd'hui dans le langage populaire. Ma position est autant antidarwinienne qu'anticréationnisme au sens où on l'entend habituellement. Je considère que le hasard crée des choses nouvelles chaque jour et qu'il n'y a pas d'évolution linéaire des espèces au cours du temps. Rendez-vous compte : un seul rétrovirus est à l'origine de la différence entre les humains et les grands singes ! La différence entre l'Homme et les grands singes est donc minime. Contrairement à une idée reçue anthropocentrée, ce n'est toutefois pas le nombre de gènes qui fait la complexité ou l'intelligence d'un organisme, le riz et certaines amibes en possèdent plus que l'Homme !

L'ARN, agent de la créativité du vivant

Beaucoup de scientifiques pensent que la source initiale de la créativité du vivant est l'ARN, l'ADN (la forme stable de l'information génétique) étant apparu plus tard et les protéines – dont les structures sont encore plus stables – encore après. Cette hypothèse, que je soutiens depuis longtemps, a été confirmée récemment. On sait que ce qui change le plus vite dans l'évolution c'est l'ARN, ce qui nous fait comprendre pourquoi il y a autant de nouveaux virus à ARN mutants (grippe, Ebola, SRAS, etc.). Cela s'explique par le fait que la reproduction des molécules d'ARN engendre cent fois plus de mutations que celle de l'ADN. Le caractère évolutif du virus du sida illustre très bien cela. Le VIH ne cesse de muter en des formes très différentes, ce qui explique qu'il échappe à nos défenses immunitaires et qu'il n'y ait pas de vaccin. De même, tous les nouveaux virus émergents, comme le virus de la grippe, du chickungunya ou de la dengue, changent plus vite que les autres êtres vivants – les bactéries par exemple.

Les viroïdes seront peut-être une des prochaines pépites de l'exploration du monde de l'ARN. Ces très petites séquences d'ARN, fréquentes chez les plantes où elles donnent lieu à des maladies, n'ont pour l'heure pas encore été identifiées chez l'Homme. Le jour où elles le seront cela ouvrira un nouveau pan de la connaissance en biologie.

Je pense que cette créativité de l'ARN continue de diriger l'évolution. C'est une très bonne nouvelle pour l'avenir. On peut en effet raisonnablement imaginer que les virus vont continuer à faire évoluer l'espèce humaine comme ils l'ont fait dans le passé.

La forme des protéines est à l'inverse extrêmement stable dans le temps, plus encore que l'ADN de nos gènes. En étudiant les structures de protéines, certains chercheurs ont trouvé des motifs remontant à trois milliards d'années ! Un nombre incroyable de protéines nouvelles seraient apparues au moment de l'explosion des êtres vivants multicellulaires, la deuxième grande phase de création d'organismes après celle des bactéries. Ce fut un changement brutal de l'écosystème et non pas une évolution lente et graduelle comme le soutenait Darwin.

L'ancêtre commun à tous les êtres vivants n'existe pas

En opposition avec mes collègues évolutionnistes, je ne crois pas à l'idée d'un ancêtre commun à toutes les formes de vie. Je ne pense pas qu'un être originel ait pu contenir toutes les structures existantes aujourd'hui. Il est vrai que nous partageons une partie de nos organes et protéines avec d'autres êtres vivants. Par exemple, 90 % des cellules actuelles, qu'elles soient humaines, microbiennes, végétales ou animales, ont le même appareil pour fabriquer les protéines, une structure appelée ribosome. Ce dernier serait apparu il y a 2,5 milliards d'années, ce qui est relativement tardif par rapport à l'arrivée des bactéries (procaryotes) il y a 4,5 milliards d'années. Mais je pense qu'il existait antérieurement d'autres structures ayant la même fonction, structures que le ribosome a recyclées pour devenir ce qu'il est aujourd'hui. Parmi les plus anciennes protéines du monde, plus âgées que le ribosome donc, figure l'ARN polymérase, l'enzyme capable de synthétiser des séquences d'ARN, corroborant l'idée de l'ARN comme moteur de la créativité du vivant.

En outre, l'idée de l'ancêtre commun s'accommode mal des résultats récents de la science, en particulier de notre découverte des virus géants. En effet, la théorie de l'être primordial s'est appuyée sur l'observation des structures communes au sein des cellules eucaryotes (levures, animaux et végétaux) et procaryotes (bactéries) en faisant fi des virus. Or aujourd'hui nous pensons que les virus géants, dont la forme est similaire à celle d'une bactérie, ont existé au moins aussi tôt que les cellules. Par ailleurs la plupart des gènes sur terre sont d'origine virale. Les virus sont à l'origine de la plus grande partie de l'information génétique et donc de la vie.

La créativité cachée du génome

Chaque nouvel outil en science apporte de nouvelles découvertes. Ce fut le cas, on l'a vu, lors du passage de l'observation visuelle au microscope optique, avec la découverte des bactéries, puis au microscope électronique avec la détection des virus. Désormais, le séquençage de l'ADN, de l'ARN et des protéines ouvre la porte sur un monde inconnu. Je peux déjà vous annoncer que les travaux sur l'ARN, porteur de la variabilité génétique du vivant, nous réservent de grandes surprises dans les années à venir.

Ainsi, on découvre que les séquences d'ARN identifiées ne sont pas toujours celles qui sont prédites par les séquences d'ADN correspondantes car des modifications interviennent, parfois de manière très inattendue. Jusqu'à présent ces séquences d'ARN atypiques se retrouvaient dans les poubelles des laboratoires, car les chercheurs pensaient qu'il s'agissait d'erreurs. Au contraire, on pense aujourd'hui que ces « déchets » pourraient receler la clé des innovations médicales de demain.

Nous avons déjà expliqué que certains gènes « parasites » pouvaient se multiplier au sein de leur cellule hôte, malgré leur caractère inutile pour cette dernière : c'est la théorie du gène égoïste. L'homme aurait aussi de telles séquences parasites. Même si leur rôle est encore difficile à comprendre, elles pourraient être à l'origine d'une prochaine révolution en biologie. C'est par exemple le cas des introns, ces petites séquences d'ADN intercalées au milieu de nos gènes, qui sont éliminés au moment de leur traduction en ARN et dont nous ne connaissons pas la fonction. Les introns sont une forme de parasitisme et puisque ces séquences ont perduré au cours de l'évolution sans être éliminées, elles peuvent avoir un rôle important qu'il nous reste toutefois à découvrir !

En outre, de nouveaux gènes se créent en permanence. Nous l'avons constaté par exemple chez la drosophile, un insecte très utilisé dans les laboratoires de génétique. Certains gènes indispensables à la survie de cette mouche n'existent chez aucun autre être vivant et semblent avoir été créés juste pour elle, et récemment, puisqu'ils ne dérivent pas de gènes anciens. On appelle « gènes orphelins » ces gènes que l'on ne trouve que chez une espèce. Or, à notre grande surprise, plus on séquence les génomes d'organismes vivants, plus on trouve de nouveaux gènes orphelins. Cela traduit une créativité continue de la vie.

Autre source de l'innovation au sein des cellules : les « erreurs »

Pendant longtemps, le dogme central de la biologie établissait chaque gène, une séquence d'ADN porteuse de l'information génétique (code) était transcrite en une séquence d'ARN avant d'être traduite (décodée) en une protéine unique par les « usines à protéines ». Comme nous l'avons déjà dit plus haut, cela n'est plus systématiquement vrai. Un même gène peut coder pour plusieurs ARN et plusieurs protéines différents, lorsque l'épissage (la transcription de l'ADN en ARN via la couture de morceaux de gènes entre eux) ne suit pas la règle habituelle, c'est ce qu'on appelle les « erreurs ».

De façon similaire, des erreurs peuvent survenir dans la traduction, c'est-à-dire lors du « décodage » de l'ARN en protéine. Ces erreurs, bien que rares, peuvent engendrer la synthèse de protéines nouvelles, et sont donc un facteur de créativité. Souvent les mutations ont des conséquences néfastes mais elles peuvent aussi être parfois bénéfiques. À l'échelle humaine, de petites erreurs peuvent conduire à des maladies.

L'analyse des protéines réserve aussi des surprises. Les scientifiques en découvrent de plus en plus qui ne semblent correspondre à aucune séquence d'ARN ou d'ADN, d'après les règles habituelles. Selon la théorie, chaque séquence d'ARN est en effet dotée d'un codon start à l'une de ses extrémités et d'un codon stop à l'autre, pour indiquer le début et la fin de la séquence à traduire en protéine. En tant que biologistes, nous étions aveuglés par cette définition. À l'heure actuelle, l'explosion de données issues de nombreux travaux de séquençage montre les limites de cette théorie. Il existerait ainsi des codes alternatifs pour traduire l'ARN en protéines. Le code officiel est sans doute utilisé dans 90 % des cas ou plus mais pas à 100 %.

Dans mon laboratoire, un chercheur travaille sur une protéine très commune (la protéine DING) qui circule dans le sang mais qui n'est pourtant pas codée par le génome humain. On essaye de comprendre pourquoi depuis plusieurs années. Toutes les théories sont incomplètes. C'est pourquoi il faut se méfier des théories totalisantes qui prétendent pouvoir tout expliquer. Les nouveaux outils nous amènent à voir des choses que l'on ne comprend pas, pour lesquelles il faudra une nouvelle théorie qui se heurtera aux anciens dogmes.

Big data : il faut faire le tri !

Notre cerveau aussi a une créativité persistante : c'est la plasticité neuronale. Quand on associe la puissance du raisonnement humain au pouvoir de calcul des ordinateurs, on démultiplie encore nos capacités. Déjà, la circulation accélérée des idées sur Internet permet de faire avancer certains sujets scientifiques plus rapidement que lorsqu'il fallait attendre de lire les articles, dont le délai de publication est parfois très long. Il existe aujourd'hui la possibilité de publier des articles en ligne et certains chercheurs envisagent même de publier leurs résultats directement sur leur blog et de se passer des journaux scientifiques. Cette nouvelle rapidité de la communication accélère la recherche biologique et médicale.

En revanche, un des problèmes majeurs est l'accumulation d'un nombre gigantesque de données issues du séquençage des protéines et des gènes, plus rapide que nos capacités d'analyse. La révolution génétique du XXe siècle a complètement changé notre perception du monde. On produit aujourd'hui une quantité de données assez reproductibles et stables, factuelles et non culturelles, à l'inverse des résultats de ces trente dernières années, qui étaient davantage basés sur des déductions et des hypothèses et souvent non reproductibles d'un laboratoire à l'autre. Or si un résultat n'est pas reproductible, il ne peut pas être considéré comme scientifique. Dès qu'un changement de paradigme se produit, comme aujourd'hui avec la révolution génétique, beaucoup de publications antérieures se révèlent fausses, car basées sur de mauvaises hypothèses. La génomique invite donc la communauté scientifique à faire le tri entre ce qui est à jeter ou à garder dans les connaissances antérieures. Par analogie, dans le monde de l'édition, un tri s'opère naturellement entre les livres au succès éphémère de quelques mois et les livres dont le succès perdure sur plusieurs années et qui deviendront des ouvrages de référence.

MALADIES ÉMERGENTES : DES CRAINTES INFONDÉES

Beaucoup de nos contemporains ont peur de l'avenir. Cette angoisse latente dans nos sociétés modernes provient peut-être de la crainte de perdre une situation présente confortable et d'un changement perçu comme nécessairement mauvais. Personnellement, je sais que les changements sont inéluctables mais je reste confiant car je crois en l'inventivité humaine. Je pense que nous trouverons toujours de nouvelles manières de combattre les maladies virales émergentes, qui, en dehors du sida et de l'hépatite C, n'ont pas eu d'impact sur la santé humaine depuis vingt-cinq ans…

La crainte de la résistance aux antibiotiques est une illustration typique de l'angoisse sociétale. Certains ouvrages relayent la fausse idée que nous allons tous mourir à cause d'une explosion de ces résistances. C'est faux ! Une étude a montré que sur une période de onze ans, le nombre de bactéries résistantes n'avait pas augmenté, même si la nature des bactéries résistantes change.

En outre, de toute ma carrière, j'ai vu une seule personne porteuse d'une bactérie résistante mourir sans solution thérapeutique et c'était du fait d'une erreur médicale. Nous avons 450 000 dossiers d'infections bactériennes et aucun n'a correspondu à une situation d'impasse thérapeutique. Il y a donc une totale discordance entre le discours des autorités et la réalité scientifique.

Nous disposons de suffisamment d'antibiotiques, en particulier des molécules anciennes, pour soigner tous les patients. En 1980, un de mes premiers travaux a porté sur la réutilisation de la vancomycine, un des antibiotiques du début du XXe siècle qui était tombé dans l'oubli. En 2000, je publiais que la colimycine serait l'antibiotique du XXIe siècle. Ces deux vieilles molécules sont maintenant très utilisées, à tel point que des bactéries résistantes à ces antibiotiques apparaissent, favorisées par ce nouvel écosystème. Souvent la méconnaissance par les médecins des molécules anciennes explique que certains pensent être dans des situations d'impasse thérapeutique alors qu'il leur suffirait de changer d'antibiotique face à telle ou telle autre maladie.

Bien entendu, il y a des décès parmi les porteurs de germes résistants mais souvent la cause de la mort n'est pas directement liée à la résistance aux antibiotiques. C'est par exemple le cas de patients dans un état très grave, en réanimation depuis plus de sept jours et qui ont par définition un risque de décès de 35 % (qu'ils soient porteurs ou non d'un germe résistant). Les bactéries résistantes sont de fait plutôt moins agressives que les bactéries qui ne portent pas de gènes de résistance. Comme nous l'avons déjà expliqué, l'ajout de nouveaux gènes est toujours un fardeau pour une bactérie, c'est comme courir avec un sac à dos. Nous avons par ailleurs décrit le cas d'un patient qui était porteur d'une rare bactérie résistante à tous les antibiotiques utilisés à l'époque, et qui a guéri spontanément ! Nous avons ensuite utilisé un modèle expérimental pour montrer ce qui s'était produit : en devenant multirésistante, cette bactérie avait perdu sa virulence.

Tuberculose multirésistante : lever les œillères des spécialistes

L'apparition d'un bacille de la tuberculose résistant aux antibiotiques a également provoqué une grande inquiétude et un syndrome de fin du monde dans les instances de santé publique. Encore une fois, c'était le résultat de l'ignorance et de l'aveuglement des spécialistes du domaine, enfermés dans leurs croyances. L'histoire de la tuberculose s'est construite au cours du XXe siècle en marge de celle des autres maladies bactériennes. De fait la tuberculose, un des plus grands tueurs de l'époque, ne pouvait pas être guérie par la pénicilline, l'antibiotique le plus courant à ce moment-là. Les scientifiques ont alors cherché des médicaments spécifiques pour cette pathologie, ce qui fut appelé « le régime antituberculeux ». La tuberculose a depuis été considérée comme une maladie à part, pour laquelle les chercheurs utilisent des méthodes expérimentales propres. Il y a quelques années, des bacilles de la tuberculose sont devenus résistants à certains antituberculeux et même à tous les traitements existant dans le cas des bacilles ultrarésistants (XDR) qui ont suscité une émotion folle. L'industrie pharmaceutique, encouragée à trouver de nouveaux médicaments, en a testé trois en 2014 mais ils marchent assez mal.

Or trois équipes de recherche, dont la nôtre, ont eu l'idée de tester trois vieux médicaments, utilisés habituellement contre la lèpre, une maladie cousine de la tuberculose, qui se sont révélés très efficaces pour détruire les bacilles XDR ! Les experts de la tuberculose, trop spécialisés, étaient passés à côté de cette piste, aveuglés par la croyance d'une étanchéité entre cette pathologie et les autres. Depuis, ils ont confirmé les bénéfices des antilépreux pour soigner la tuberculose. L'émotion mondiale associée à la tuberculose multirésistante a toutefois coûté des millions de dollars à cause d'un simple manque de réflexion et d'imagination et surtout du port d'œillères.

Les « faux médicaments » ont sauvé des milliers de vies

Selon la Fondation Chirac, un million de morts sont causés par de « faux médicaments » en circulation. Un ami médecin au Congo m'a demandé de vérifier cette affirmation. Nous avons alors mis au point une méthode d'analyse pour tester les antibiotiques et les antipaludiques vendus hors des circuits officiels au Congo et montré qu'ils étaient tous conformes. Puis, nous avons fait d'autres tests au Sénégal qui ont également montré que les médicaments contrefaits (en Chine et en Inde) contenaient les bons principes actifs. En revanche, ceux qui sont fabriqués au Nigeria sont souvent factices. La menace a donc été exagérée. L'idée que les médicaments contrefaits soient dangereux a été en partie diffusée par l'industrie pharmaceutique qui se voit concurrencée par des produits de contrebande fabriqués en Chine et en Inde.

En pratique, paradoxalement, la diffusion des antibiotiques contrefaits a permis au contraire de faire baisser la mortalité mondiale de façon spectaculaire. Ainsi les infections respiratoires, dont la pneumonie, sont passées de la première à la deuxième place dans le classement des plus grands tueurs mondiaux, grâce aux antibiotiques bon marché disponibles depuis cinq ans environ en Chine et en Inde. Contrairement à ce que certains affirment, je pense donc que l'accès aux médicaments de masse sur les marchés et sur Internet a sauvé des millions de vies ! Cet exemple illustre comment la créativité humaine et le désir de se soigner sont plus forts que les règles juridiques et économiques.

– 13 –

DEMAIN EST UN AUTRE JOUR…

Les humains voudraient toujours tout prévoir mais cela supposerait qu'il existe une stabilité à long terme, ce qui n'est pas le cas. Les changements, par nature imprévisibles, sont vécus comme dangereux par nos sociétés qui ont la volonté d'immobiliser le cours des choses, par exemple en utilisant et en abusant du principe de précaution. Mais l'annonce régulière de catastrophes nourrit aussi l'angoisse sociétale qui croît visiblement de jour en jour.

Or, je ne crois pas que les scientifiques puissent prédire l'avenir avec des modèles mathématiques car les écosystèmes et la nature humaine sont trop complexes et imprévisibles pour cela. D'ailleurs, jusqu'ici, aucun des modèles de prévision épidémique, démographique ou climatique n'a réussi à décrire ce qui s'est véritablement passé par la suite.

Ainsi je ne crois pas aux prophéties apocalyptiques sur le réchauffement de la planète. La question du changement climatique est selon moi sortie du champ scientifique pour entrer dans un champ religieux, car la controverse en est bannie. Le doute est pourtant la base de la science.

Méfions-nous de toute forme de pensée unique car c'est cela qui conduit au totalitarisme.

La peur de la fin du monde : un mal de pays riches

Pour des raisons complexes, les pays les plus riches vivent en permanence avec un sentiment de fin du monde. Cette angoisse est en partie due aux moyens d'information actuels qui délivrent en continu des mauvaises nouvelles, la plupart du temps fausses, notamment en matière de santé. Bien que l'on vive en France de plus en plus vieux et de mieux en mieux, que l'on soit plus riche, plus éduqué et plus intelligent que nos grands-parents (50 à 60 % des habitants dans les pays développés vont à l'université), les Français ont le sentiment que leur niveau de vie baisse et que les inégalités sociales augmentent. En réalité, s'il existe toujours un écart entre riches et pauvres, les écarts de revenus en France sont plus faibles qu'ailleurs. C'est le paradoxe de Tocqueville : plus l'inégalité se réduit entre les citoyens, plus le sentiment d'inégalité s'accroît. De façon similaire, les travaux sur la criminalité de Laurent Mucchielli montrent que le nombre de crimes a diminué depuis cinquante ans en France, mais paradoxalement, le nombre de prisonniers augmente. Notre société devenue plus intolérante condamne aujourd'hui à la prison même pour des délits mineurs.

Il est intéressant et apparemment paradoxal de voir que ce sont les pays les plus pauvres qui sont les moins pessimistes ; en particulier, le plus optimiste de tous avec une notion de bonheur très importante est le Bangladesh[1] ! Cela n'est pas vraiment étonnant, ni nouveau, puisque La Fontaine évoquait déjà semblable paradoxe dans la fable du *Savetier et du Financier.* Le savetier chantait du matin au soir tant qu'il n'avait pas de biens, ce qui empêchait le financier de dormir. Ce dernier décide alors de lui donner de l'argent pour qu'il arrête de chanter. Cette fortune soudaine entraîne chez le savetier la peur de la perdre – alors qu'il n'avait rien à perdre avant –, et des insomnies. Il finit par retrouver le sommeil en rendant l'argent au banquier. Moralité ? Les riches ont peur de perdre ce qu'ils ont, les pauvres ne peuvent qu'espérer avoir plus.

En fait, l'être humain a horreur de l'instabilité. Cela se traduit par le fantasme de la propriété. En réalité, l'Homme ne peut jamais rien posséder puisqu'il est un simple locataire. La propriété est une illusion car elle ne dure qu'un temps limité. Si vous achetez un terrain et le léguez à vos enfants, il restera dans la famille (au mieux) pendant deux ou trois générations peut-être mais finira un jour par être revendu. L'achat d'un appartement est une autre forme de location puisqu'il implique le remboursement d'un crédit et des impôts fonciers. L'Homme recherche des formes de stabilité, alors que le monde autour de lui ne cesse de changer. Il ferait mieux de s'adapter lui aussi pour survivre dans un environnement en transformation permanente (c'est la théorie de

1. Sondage annuel de WIN/Gallup international association. http://www.thedailystar.net/frontpage/bangladesh-tops-list-hope-index-201133

la Reine rouge). Les Gitans nomades ont une vision de la propriété plus lucide, selon moi, avec leur habitude de récupérer des objets dans les poubelles pour leur donner une deuxième vie. Cette vision les amène à avoir des rapports compliqués avec les sédentaires.

Notre société est cependant intolérante aux atteintes à la propriété, punies sévèrement et sans hiérarchisation. « Qui vole un œuf, vole un bœuf », affirme le dicton populaire. Mon fils, qui a été avocat de garde à vue, m'a raconté que des personnes avaient été emprisonnées pour des vols de quelques centaines d'euros seulement. L'ancien ministre de l'Intérieur Claude Guéant, qui s'était montré très dur envers les petits délinquants et les Gitans, a été accusé d'avoir volé l'État pour des centaines de milliers d'euros. Dans les faits, l'ancien ministre sera condamné à du sursis tandis qu'un Gitan sera envoyé en prison pour un vol d'une valeur beaucoup plus faible. Cet exemple révèle ici l'influence du rapport de force. « Selon que vous serez puissant ou misérable, les jugements de cour vous rendront blanc ou noir »[1], écrivait Jean de La Fontaine.

Le pessimisme ambiant est également exacerbé par la prédiction régulière de catastrophes qui ne se réalisent pas. Un jour on annonce que telle épidémie va faire 500 000 morts en France. Le lendemain on accuse la résistance aux antibiotiques d'être responsable de 12 000 morts par an. Tous ces chiffres ne sont que des fantasmes qui nourrissent l'anxiété de la population.

1. Jean de La Fontaine, *Les Animaux malades de la peste.*

D'autant que l'être humain a une appétence naturelle pour les mauvaises nouvelles. Les risques nouveaux engendrent plus de craintes que les risques connus (accidents de voiture, cigarettes, etc.). Même chez les scientifiques. Ainsi soixante articles internationaux ont été publiés à chaque cas de décès pour la maladie de la vache folle et les épidémies de MERS Corona, de SRAS et de grippe aviaire. Tous ces éléments traduisent une déconnexion complète entre les faits et le ressenti. C'est très frappant. On le constate partout, y compris sur le sujet de l'immigration, qui n'a jamais été aussi faible en France et qui génère pourtant beaucoup de craintes. Les hommes politiques, qui répondent en priorité aux émotions de la population, alimentent en retour l'inquiétude latente face à des menaces fictives.

L'ERREUR DES DÉCLINISTES ET DES CONSERVATEURS

La mondialisation aura bien sûr des conséquences, certaines connues et d'autres imprévisibles, certaines bénéfiques et d'autres négatives. Il y a cependant aujourd'hui en France une sorte de refroidissement de la pensée, véhiculé par des intellectuels non universitaires qui regrettent l'époque d'antan, un passé d'ailleurs fantasmagorique qu'ils n'ont pas vécu. Je suis très frappé par la pensée des conservateurs et des déclinistes, comme Alain Finkielkraut et Éric Zemmour, qui considèrent que la France était autrefois une entité stable, qui est en train de disparaître. Ironiquement, ces grands défenseurs d'une vision « postgauloise » de la France ne sont ni l'un ni l'autre d'origine française récente ! Comme si les nouveaux arrivés tenaient davantage au mythe fondateur que les autres, en oubliant complètement leur propre histoire (ce que je nomme l'égophobie ou la haine de soi) ! L'incohérence est une des caractéristiques de l'être humain. C'est pourquoi il faut se méfier de certains discours qui se veulent rationnels alors qu'ils ne le sont pas. L'idée que « c'était mieux hier » émane de personnes angoissées ou désabusées. Au fond, c'est une nouvelle illustration de la querelle entre les Anciens et les Modernes. Selon moi, certains écologistes politiques et les tenants du principe de précaution sont aussi des conservateurs puisqu'ils pensent qu'il faut arrêter toute espèce de changement éventuellement à risque, ce qui est impossible, car tout changement d'écosystème porte le germe d'un nouvel équilibre imprévu et imprévisible. Je suis à l'inverse pour le principe de vigilance, je l'ai déjà dit, qui consiste à détecter les dangers assez tôt pour pouvoir les contrecarrer plus facilement.

Paul Valéry disait : « Les civilisations sont mortelles. » Je ne crois pas que ce soit entièrement exact. Des civilisations s'éteignent, parfois brutalement, mais elles ne disparaissent jamais totalement car elles laissent des traces. Il suffit de voir l'étendue du patrimoine hérité de l'Empire romain dans notre civilisation européenne. De même les Empires maya, inca et aztèque d'Amérique centrale nous ont légué la richesse de leur culture. En outre, ces civilisations amérindiennes ont toujours des descendants vivants. Les civilisations ne meurent pas complètement, elles survivent à travers leurs héritiers, certains pans du vocabulaire, des vêtements, des aliments ou des jeux – le hockey a ainsi été inventé par les

Indiens d'Amérique du Nord et le basket est dérivé d'un jeu maya. Une civilisation comme celle de l'Europe contemporaine n'est donc pas homogène ni univoque mais perméable aux influences de cultures extérieures et passées.

Les modèles prédictifs sont des prophéties modernes

J'ai beaucoup lutté, sur le plan universitaire, contre les modèles mathématiques des épidémies. Dans les meilleurs journaux de maladies infectieuses, nous avons banni les modèles prédictifs. Et je me refuse à écrire des articles sur les risques d'épidémies qui seraient liées au réchauffement de la planète, faute de données concrètes. Bien entendu tous les modélisateurs croient en leur religion. D'ailleurs, d'une manière intéressante, alors que les biologistes et les physiciens sont majoritairement athées, les mathématiciens qui créent les modèles croient plus aux religions que les autres scientifiques.

Je ne pense pas qu'on puisse remplacer la colère des dieux par les mathématiques. En pratique les événements chaotiques sont imperceptibles et le resteront. Vouloir prédire l'avenir avec une modélisation, c'est imaginer que l'on connaît tous les facteurs en cause, qu'il n'y aura pas d'événement chaotique et que tout va se dérouler selon le même schéma que dans le passé récent. Cela postule que « toutes les choses par ailleurs resteront les mêmes ». C'est impossible ! En outre, j'ai de sérieux doutes sur la possibilité de prédire les situations multifactorielles, comme le climat ou la démographie. S'il s'agit d'un écosystème comme celui de notre planète, le nombre de paramètres à prendre en compte est tellement élevé qu'on ne peut pas prévoir ce qui va se passer. Dès qu'on modifie une variable, il se passe quelque chose de nouveau et d'imprévu. La seule chose que l'on peut faire, c'est modéliser des situations passées.

Mon aversion pour les modèles de prédiction est liée à mon expérience dans la gestion des maladies infectieuses car toutes les modélisations d'épidémies se sont révélées fausses. Les millions de morts annoncées pour la grippe H5N9 ne se sont jamais vérifiées (et heureusement !). Et j'ai découvert que les mécanismes sous-jacents qui soutenaient ces prédictions étaient liés à la défense d'une discipline scientifique ou à des questions d'argent.

Je pense que la modélisation mathématique prédictive n'est pas de nature scientifique mais qu'il s'agit d'une forme de prophétie moderne comme l'a été à un moment donné l'astrologie, en utilisant les données de l'astrophysique. Mais les prophéties ne font pas partie de la science. Les deux religions pseudoscientifiques dominantes reprises par la presse sont d'une part la prédiction du futur climatique et, d'autre part, l'adhésion très stricte à la vision darwinienne de l'évolution.

Les prévisions démographiques : souvent fausses

Tout le monde s'est ainsi trompé sur l'évolution de la démographie en Afrique. Il y a quarante ans, on pensait que celle-ci exploserait, mais personne n'avait anticipé qu'une grande partie de la population serait exterminée par le sida.

Malgré cela, en 2015, un article du *Monde* annonçait : « Il y aura 72 millions d'habitants en 2050 en France et 11 milliards sur la Terre d'ici la fin du siècle, dont un tiers d'Africains. » On ne peut pas affirmer une telle chose, il faut mettre du conditionnel ! Ces données issues de l'Institut national d'études démographiques (INED) correspondent à une projection scientifique basée sur l'hypothèse que les choses vont continuer comme ces dernières années. Si l'on ne précise pas cela, on laisse croire aux lecteurs qu'il s'agit d'une certitude et que l'on est capable de prévoir l'avenir. Comment être sûr qu'il ne se passera rien d'imprévu en trente-cinq ans ? C'est une grave aberration !

Et qui est capable de prédire aujourd'hui la population de l'Allemagne dans dix ans ? Il y a encore un an ou deux tout le monde pensait qu'elle allait passer sous la barre de celle de la France car le taux de fécondité des Allemandes est très bas et leur population vieillissante. Mais la récente et forte ouverture du pays à l'immigration – peut-être portée par de bons sentiments mais plus probablement visant à compenser les nombreux départs en retraite – change complètement la donne (un million de sujets jeunes en plus vont bouleverser les prévisions).

Bref, on ne peut pas prédire l'évolution démographique d'un pays même dans un avenir aussi court qu'une décennie, ni d'ailleurs le taux d'immigration ni l'espérance de vie (il suffit qu'une épidémie sévère survienne pour que cela déplace le curseur). Les prédictions ne sont pas possibles parce que les écosystèmes sont changeants. Cette variabilité et la part d'inconnu font que la capacité à prédire est extrêmement faible, dès qu'il s'agit de choses un peu complexes. Jusqu'à ce jour, tous les modèles climatiques, économiques, infectieux ou politiques – sans exception – se sont révélés faux. Je pense que tout le monde devrait se méfier des prédictions. En outre, il me semble idiot d'affirmer des choses qui risquent de ne pas se vérifier, cela n'ayant comme conséquence que d'entamer la crédibilité.

La théorie du croquet vivant

Je pense qu'il est particulièrement impossible de prédire l'avenir lorsque des êtres vivants sont concernés, en particulier des êtres humains. En effet, les hommes changent, s'adaptent et leurs motivations intimes nous échappent. Cela explique l'échec des prévisions passées en matière démographique, économique, politique, technologique ou climatiquc. Pcrsonne n'avait par exemple prédit la crise économique de 2008 ! Pour illustrer cette idée, je propose une nouvelle théorie, « la théorie du croquet vivant ». Déjà suggérée par l'anthropologue américain Gregory Bateson dans *Vers une écologie de l'esprit*, elle s'inspire du récit d'*Alice au pays des merveilles* de Lewis Caroll. Dans un des passages du livre, Alice joue au croquet mais à la place des maillets, elle se sert de flamants roses, qui parfois penchent la tête de façon imprévisible et, à la place des boules, de hérissons qui peuvent dévier leur trajectoire d'une façon imprévue. C'est une parfaite illustration du caractère imprédictible du vivant.

Des modèles de prévision du climat erronés

Je sais que la planète s'est réchauffée au cours du XXe siècle et que l'émission à haut niveau de gaz à effet de serre (GES) dans l'atmosphère terrestre entraîne des modifications de notre écosystème qu'il est raisonnable de limiter. Toutefois cela ne justifie pas de prophétiser des catastrophes comme la disparition de la banquise arctique en 2013 annoncée par Al Gore à la réception de son prix Nobel, qui ne s'est pas produite (la surface en 2015 était la même qu'en 2007). En outre, fin 2015 on notait une augmentation de la banquise de l'Antarctique sur les photos satellites de la NASA (à voir sur Internet, c'est spectaculaire) !

Je suis extrêmement sceptique dès qu'il y a des projections et des simulations de l'avenir du climat. Ma méfiance est justifiée par le fait que les choses ne se sont pas passées comme on l'avait annoncé. Les premiers modèles climatiques ont donné des prévisions erronées. En se basant sur le taux de croissance du réchauffement mondial entre 1975 et 1998, ils avaient prédit une augmentation des températures proportionnelle sur la période 1998 à 2015. Or cela n'a pas été le cas. La courbe des températures mesurées jusqu'en 2014 est restée plate (c'est ce qu'on a appelé la « pause » ou le « hiatus climatique »). Depuis 1998, les hommes ont continué à produire plus de CO_2, sans que cela conduise à une hausse des températures aussi forte qu'attendu. La courbe des émissions de gaz à effet de serre n'était plus parallèle à celle de la hausse des températures, comme elle l'avait été durant la période antérieure. Cela semblait indiquer que si certaines choses sont liées à l'activité humaine, il n'y a pas toujours de correspondance entre cette activité et le réchauffement tel qu'il a été mesuré. Une dizaine de modèles ont été ainsi mis de côté car ils étaient faux. Ceux qui contestaient les prédictions de réchauffement il y a quinze ans avaient donc raison. Face à cette déconvenue, les modélisateurs ont changé leurs modèles, en modifiant soit les outils de mesure des températures, soit les formules mathématiques ou encore les échelles de temps. Certains climatologues affirment aujourd'hui que ce hiatus climatique est le résultat de mesures erronées et que d'autres éléments indiquent une hausse des températures au cours de la première décennie du millénaire. Je veux bien croire que le problème a été résolu, mais en réalité on n'en sait rien… On verra dans quinze ans quels modèles auront réussi à prédire ce qui va se passer réellement.

Changement climatique : l'Homme n'est pas le seul en cause

On peut faire des modélisations pour tenter d'expliquer ce qui s'est déjà passé mais pour prédire l'avenir, cela laisse supposer – je le répète – que tout va se dérouler de la même manière, ce qui n'est pas vrai, car on ne maîtrise pas tous les paramètres. Par exemple un refroidissement de la planète pourrait se produire à cause d'une baisse de l'activité solaire, comme le prévoient certains chercheurs du MIT, ou à cause de l'explosion d'un volcan comme cela est déjà arrivé dans le passé (la diffusion des cendres dans l'atmosphère peut conduire à une opacité aux rayonnements solaires pendant plusieurs années), ou encore à la suite de phénomènes climatiques sous-estimés tels que la Niña[1] liée au refroidissement de l'hémisphère Sud. Une comète peut aussi bien s'écraser sur la Terre demain et anéantir l'humanité tout entière… Les choses évoluent, ce n'est pas un système scientifique fermé, et penser que le réchauffement climatique est exclusivement lié aux activités humaines est déraisonnable car nous vivons dans un écosystème complexe. L'Homme joue un rôle très important bien entendu (c'est l'anthropocène) mais il y a une partie imprévisible qu'il faut admettre, et une partie d'ignorance. Le fait qu'une masse considérable de personnes, scientifiques et politiciens au premier rang, pensent que la température moyenne risque d'augmenter de plus de 2 °C d'ici la fin du XXIe siècle avec des conséquences désastreuses pour la planète et les humains ne changera pas le cours des choses.

D'une manière intéressante on retrouve dans la littérature ces deux visions du monde, d'un côté la tendance à la rationalisation et de l'autre l'acceptation de son caractère inexplicable. Ainsi à la fin de tous les romans d'Agatha Christie, Hercule Poirot, le célèbre détective, éclaire tous les éléments épars et tous les points obscurs et leur donne une rationalité qui est bien loin de la réalité. À l'inverse dans les romans de Kafka, en particulier *Le Procès*, ou dans ceux de Borges, en particulier *Fictions*, plusieurs mondes coexistent, ce qui déstabilise le lec-

1. La Niña : froid succédant à El Niño, le réchauffement de l'océan dans l'est du Pacifique.

teur. Un exemple extrême de rationalisation dans la science-fiction est celui du mathématicien Isaac Asimov qui décrit dans *Le Cycle de fondation* un monde entièrement prévisible par des mathématiciens qui envisagent sur plusieurs milliers d'années tous les accidents qui peuvent arriver et prévoient les réponses qui pourront se mettre en place, même pour des événements entièrement chaotiques. À l'inverse, l'autre grand spécialiste de la science-fiction du XXe siècle, Philip K. Dick, dont beaucoup d'œuvres ont été portées à l'écran (*Total Recall*, *Minority Report*, *Blade Runner*), envisage plusieurs mondes qui coexistent en cohérence avec la physique quantique. Vivant dans un monde complexe, plusieurs fois hospitalisé en service psychiatrique, comme les chamans il était inspiré par la consommation des drogues hallucinogènes qui lui conféraient une vision différente du monde.

La peur du refroidissement des années 1970

Les prédictions peuvent avoir des effets contreproductifs, comme c'est le cas pour la question du réchauffement climatique. Dans les années 1970, on craignait au contraire une nouvelle ère glaciaire. Je me souviens d'une magnifique une du *Time Magazine*, où l'on voyait des gens congelés car la planète se serait refroidie de manière brutale. Selon la pensée dominante de l'époque, la planète se refroidissait à cause de l'utilisation d'aérosols (les CFC)[1] qui créaient un trou dans la couche

1. Les chlorofluorocarbures (CFC) ou gaz « fréons » étaient utilisés comme gaz réfrigérants pour les réfrigérateurs et la climatisation.

d'ozone. Sous l'impulsion du chimiste mexicain et futur prix Nobel Mario Molina (actuellement en charge des études sur le réchauffement de la planète pour le Mexique), les aérosols furent bannis, ce qui cause des problèmes techniques importants. Les CFC, considérés comme responsables du refroidissement de la Terre, ont été interdits par le protocole de Montréal (entré en vigueur en 1989), au moment de la plus forte hausse de la température mondiale entre 1980 et 1998 ! Or leurs substituts, utilisés comme gaz réfrigérants, les hydrofluorocarbures (HFC) représentent maintenant, non pas un danger de refroidissement, mais un danger de réchauffement puisque près de 1 % des émissions de gaz à effet de serre (GES) serait lié à ces gaz.

L'interdiction des HFC est donc aujourd'hui une priorité pour ceux qui pensent que le réchauffement est dû aux émissions de gaz à effet de serre d'origine humaine. Les mesures préconisées pour lutter contre le risque de glaciation ont ainsi eu un effet inattendu et délétère. L'enfer est pavé de bonnes intentions et parfois les remèdes sont pires que les maladies.

Le solaire et le charbon plus polluants que le nucléaire

Que les politiciens instrumentalisent la menace du « changement climatique[1] » pour réduire la consomma-

1. Il est intéressant de noter le glissement sémantique qui s'est effectué à partir du terme « réchauffement climatique » qui ne reflétait pas la réalité des modifications de l'écosystème puisqu'on observe au contraire dans certaines régions un refroidissement du climat.

tion d'énergies fossiles et limiter nos émissions carbonées, cela me semble raisonnable. Je pense que c'est une bonne idée de diminuer les émissions de gaz à effet de serre si cela aide à préserver notre planète. Je me méfie toutefois de l'enthousiasme autour des énergies renouvelables. Des travaux sur le rapport entre productivité et taux de pollution mesurable des différentes sources d'énergie ont montré que, si l'on classe les diverses énergies d'après le rapport entre la quantité d'énergie qu'elles produisent et la pollution qu'elles génèrent, la moins économique est l'énergie solaire, car elle est finalement très polluante, la construction des panneaux solaires et le stockage de l'électricité étant coûteux et polluants. L'énergie éolienne arrive juste après, puis les énergies fossiles, le charbon, le pétrole et enfin le nucléaire qui est en tête dans ce rapport « plus d'énergie/moins de pollution ». Toutefois, si dans dix ans les énergies renouvelables deviennent plus efficaces et si une solution est trouvée au problème du stockage de leur énergie, qui représente un frein aujourd'hui à leur diffusion, elles pourraient remonter dans le classement.

La Chine et l'Inde, les deux géants émergents, ont d'autres priorités que la réduction des émissions de CO_2, notamment la lutte contre la pollution de l'air, dramatique dans certaines villes comme Shanghai et Pékin, à cause des particules dégagées par le chauffage au bois et au charbon, très nocives pour la santé (et aussi pour le climat d'ailleurs). En pratique le charbon tue plus que l'énergie nucléaire. La perception du risque lié à l'énergie nucléaire semble déconnectée de la réalité. C'est une position idéologique qui découle de la prédiction de risques élevés à long terme (puisqu'il n'existe pas de solution pour traiter les déchets nucléaires hormis le stockage souterrain). L'Allemagne fait aujourd'hui tourner à fond ses centrales à charbon très polluantes parce qu'elle a décidé de sortir du nucléaire. Il est très difficile et compliqué de choisir entre des inconvénients présents et des risques à venir.

*
* *

On voit bien que ce qui inquiète le plus la population aujourd'hui, c'est la prédiction de dangers à venir. D'où la création ridicule du principe de précaution. À nouveau, je pense que la prédiction est très difficile car on connaît trop peu de paramètres. Les choses sont naturellement instables, même si l'on ne veut pas changer l'écosystème, il changera. Bien sûr ce serait plus simple de penser que l'avenir est un dérivé du passé, qu'il suffit de tracer une ligne droite à partir d'hier pour prédire demain. Cela nous rassurerait de croire que l'évolution a un sens unique, mais elle n'a pas de sens ! Notre difficulté à admettre le caractère imprévisible de l'avenir est liée à notre peur du changement.

Le débat sur le climat s'est mué en combat « religieux » et politique

Le doute et le scepticisme sont à la base de la science et de la recherche. Il me semble qu'aujourd'hui le débat sur le réchauffement climatique est sorti du champ scientifique pour entrer dans le champ religieux. Il suffit de voir comment sont traités ceux qui ne croient pas à la théorie dominante : ils sont regardés comme des hérétiques ! L'organisation de la 21e conférence des Nations unies sur les changements climatiques (COP 21) en décembre 2015 à Paris a pris une ampleur considérable, avec plus de 30 000 participants et un écho médiatique considérable et mondial. Cela illustre de façon intéressante le transfert d'un concept scientifique dans le champ politique et idéologique.

Des études de sociologie ont montré que si certains chercheurs sur le climat ont effectivement été financés par l'industrie pétrolière pour publier des articles niant le réchauffement climatique, d'autres ont organisé une défense de la théorie dominante afin de contrer les visions divergentes. Par ailleurs le financement massif de la recherche, des chercheurs et des journaux scientifiques spécialisés dans ce domaine génère lui aussi des conflits d'intérêts. L'ancien directeur du GIEC[1] se faisait verser un complément de salaire pour cette activité. Une sorte de WikiLeaks parmi les scientifiques du GIEC en Angleterre a révélé les diverses stratégies utilisées pour empêcher certains chercheurs de publier des résultats allant à l'encontre du dogme sur le réchauffement planétaire. On voit bien qu'on est sorti du domaine scientifique pour entrer dans un contexte religieux. Si le débat contradictoire est interdit, cela devient l'Inquisition ! Quand les membres de l'Académie des sciences ont demandé à la ministre de la Recherche de sanctionner Claude Allègre pour avoir publié un livre affirmant qu'il ne croyait pas au lien entre le réchauffement et les émissions de CO_2, on se croyait revenu plusieurs

1. Groupe intergouvernemental d'experts sur l'évolution du climat.

siècles en arrière… Allègre s'en est d'ailleurs ensuite amusé en incarnant dans un téléfilm Galilée, le célèbre savant condamné par les autorités religieuses de son époque. La controverse scientifique n'est plus autorisée sur le thème du climat, c'est ce qu'on nomme de l'obscurantisme.

La part culturelle et politique des sciences du climat

Les sciences du climat ne sont pas moins influencées par le contexte culturel que les autres sciences. Sur la question du changement climatique, les Américains sont plus ouverts aux remises en question que les Européens parce que l'opinion de la population aux États-Unis n'est pas aussi homogène qu'en Europe. La question climatique est un marqueur politique très net outre-Atlantique entre les Républicains et les Démocrates, les premiers étant moins enclins que les derniers à penser que le réchauffement est un des principaux enjeux des années à venir. Chez les scientifiques aussi, il y a plus de climatosceptiques parmi les Républicains que parmi les Démocrates. Ce n'est donc pas la connaissance scientifique mais la croyance en un monde plutôt qu'en un autre qui est en jeu. Beaucoup d'épistémologistes[1] pensent d'ailleurs que la question du changement climatique sera le thème le plus analysé dans les années à venir.

Il existe deux groupes de journaux leaders sur le plan médical et scientifique, d'un côté *The Lancet* et *Nature*,

1. Voir page 65.

des revues anglaises avec une ligne de gauche et de l'autre, *NEJM* (*The New England Journal of Medecine*) et *Science*, des revues américaines plus à droite. Or tous les articles qui remettaient en cause les modèles de prédiction climatique il y a quinze ans ont été publiés dans *Science*, aucun dans *Nature*. Même à ce niveau de spécialisation, l'influence socioculturelle est considérable. Les pensées scientifique et médicale sont différentes d'un côté et de l'autre de l'Atlantique. Des éléments qui apparaissent comme des truismes en Europe seront davantage relayés dans les journaux anglais que dans les journaux américains. C'est assez évident, puisque les rédacteurs en chef ont des croyances liées à leur culture respective.

En France, le contre-pouvoir des médias est faible, en comparaison avec celui du Royaume-Uni ou de l'Allemagne. Dans *The Economist*, le célèbre hebdomadaire britannique, j'ai lu fin 2015 un article de trois pages sur le réchauffement de la planète qui expliquait qu'on ne peut pas demander à un scientifique d'affirmer quelque chose avec le même degré de certitude que le ferait un prêtre, un politique, ou un idéologue.

L'éminent sociologue Bruno Latour pour sa part a fait le choix de taire le fait qu'une part de la science du climat était culturelle, par crainte de voir sa pensée instrumentalisée par les ennemis de la connaissance scientifique, en particulier les climatosceptiques. On m'a mis en garde de la même façon, concernant ma position anti-Darwin, sur le risque d'une récupération par les créationnistes. Je considère toutefois qu'il est plus important de dire la vérité et je suis en désaccord avec la position adoptée par Bruno Latour. Si on ne remet pas en cause la théorie darwiniste, nous resterons dans une impasse scientifique. J'ai également refusé de me rallier à la cause des climatosceptiques car je n'adhère à aucune religion. Je pourrais éventuellement me qualifier de « prévisiosceptique » car je ne crois pas aux prévisions. Je ne suis pas un homme politique ni un gourou, je suis un scientifique indépendant et je ne me sens pas responsable de l'éventuelle reprise de mes pensées par des groupes d'opinion. Sans vouloir me comparer avec le génie de la philosophie, je signale que Nietzsche a été utilisé à la fois par l'extrême gauche française et par les nazis !

Je pense que cette tendance à vouloir taire le débat et les idées anticonformistes est en partie liée à notre culture monothéiste chrétienne, qui par définition est une pensée monolithique « allergique » à toute controverse. Personnellement, j'ai une sainte horreur du consensus, je pense que l'unanimité n'est jamais raisonnable. Un grand rabbin de Jérusalem m'a confirmé qu'il n'était pas possible, selon lui, que dix personnes soient d'accord sur quelque sujet que ce soit. Dans le tribunal rabbinique, s'il y a un vote unanime, le vote doit être refait car on considère qu'il y a eu tricherie ou que la question n'a pas été bien comprise, que l'unanimité n'est simplement pas possible chez l'Homme. La science s'est construite avec des controverses. Cela ne signifie pas que toutes les décisions prises à la majorité ont été les bonnes, mais cela évite une attitude « totalitariste », qui vise à imposer une pensée unique. Ainsi, certaines fois, l'idée originale a été écrasée car elle était contre l'idée majoritaire. C'est ce qui s'est passé avec la théorie de Lamarck tuée par Cuvier. Aujourd'hui sa théorie a toutefois été réhabilitée.

De la pensée unique à la dictature totalitaire

Il n'y a qu'un pas de la pensée unique au totalitarisme. C'est l'idée de la philosophe Hannah Arendt. Si vous pensez qu'il n'y a qu'une manière de penser et que vous voulez l'imposer à tout le monde, c'est un système totalitaire, qu'il faut distinguer des systèmes dictatoriaux. Le système totalitaire veut tout changer, vos mœurs, votre famille et contrôler vos paroles et votre pensée. Le génie d'Arendt a été de déconnecter l'idéologie sous-jacente de l'action totalitaire. Qu'on extermine des gens au nom de bons sentiments, pour le bien de l'humanité comme disaient les communistes russes, pour un avenir radieux qui mérite des sacrifices humains comme le décrit dans *Le Zéro et l'Infini* Arthur Koestler ou au nom de la supériorité de la race selon l'idéologie nazie, cela ne change rien ! Il n'y a pas de hiérarchie entre les totalitarismes. Il est parfois difficile de comprendre que ceux qui affirment vouloir faire le bien ne font qu'exercer leur puissance. Par exemple, dans son ouvrage *La Doctrine des bonnes intentions*[1], Noam Chomsky a très bien expliqué comment toutes les interventions américaines à l'étranger depuis la Seconde Guerre mondiale ont été justifiées au

1. Noam Chomsky, *La Doctrine des bonnes intentions*, 10-18, 2007.

nom de bons sentiments, alors que les objectifs étaient principalement géopolitiques et économiques.

Chaque fois qu'on est sûr d'avoir raison, qu'on pense qu'il n'existe qu'une manière de penser, on tend vers le totalitarisme. Quand on prend du recul sur la géographie et l'Histoire, beaucoup de choses qui apparaissaient comme des évidences ne le sont plus. Marc Weber expliquait que le capitalisme allait de pair avec la démocratie mais la Chine est en train de prouver le contraire puisque le capitalisme chinois n'est pas du tout démocratique. Il n'y a pas de connexion évidente entre la forme de démocratie actuelle en Occident et l'économie de marché, ce sont deux choses indépendantes. Et pourtant c'était l'idée dominante du XXe siècle qui s'est conclue par la théorie de la « fin de l'Histoire »[1], au moment de la chute de l'URSS. Les guerres menées par le président américain George W. Bush étaient qualifiées de croisades « humanistes ». Les idées des néoconservateurs sont héritées des Lumières, ce qui explique qu'une partie de l'intelligentsia française de gauche les ait adoptées. Le droit d'ingérence implique par définition la croyance que notre manière de penser en Occident est la bonne.

Le doute, l'essence de la démarche scientifique

Dans *Vers une écologie de l'esprit*, Gregory Bateson a écrit – j'aime à le rappeler : « Un savant doit apprendre à avoir toujours tort. » C'est pour cela que je prends

1. Voir chapitre 10.

tant de distance avec les certitudes sur l'évolution du climat. Le doute par définition est scientifique. Pourtant, sur la question du climat, oser douter d'une prédiction, qui est la base même de la démarche scientifique, vous expose aujourd'hui à des accusations de « marchands de doute ».

Plus on progresse dans un domaine scientifique, plus on se rend compte de notre ignorance. Certains scientifiques ont peur d'avouer publiquement que leurs savoirs sont par nature « relativement » vrais, puisque les théories évoluent avec le temps. Ils craignent que le public déçu se réfugie dans le négationnisme ou les superstitions. Au contraire je ne crois pas qu'il faille cacher la réalité.

Très décriés par Platon dans ses *Dialogues*, les sophistes, comme Protagoras, étaient des sceptiques capables de défendre des points de vue opposés. Ces maîtres de l'art du discours, comme les avocats aujourd'hui qui sont capables de défendre indifféremment l'accusé ou le coupable, ne sont pas très aimés du public. Leur pensée sceptique leur permet d'examiner les choses d'une façon ou d'une autre. La *French theory* du XXe siècle est une forme de sophisme puisqu'il s'agissait d'apporter des éléments pour remettre en cause la pensée dominante de l'époque. C'est une approche très intéressante mais dangereuse quand elle devient une idéologie. Par exemple la théorie du genre a permis de comprendre qu'une partie des différences entre les sexes était d'origine culturelle mais certains l'ont transformée en religion en tombant dans l'excès inverse qui consiste à croire que toutes les différences sont culturelles, alors qu'une partie d'entre elles restent irréductibles. Foucault disait lui-même qu'il était un sophiste. Quand on lui reprochait certaines de ses thèses, il répondait qu'il ne croyait pas lui-même à tout ce qu'il avait dit, mais que si ses idées avaient donné à réfléchir, cela prouvait que cela fonctionnait... Le sophisme c'est l'intelligence du raisonnement, de la dialectique, contre la foi.

Dans une situation d'incertitude, en science, il serait bénéfique d'envisager les choses d'un point de vue opposé à la thèse dominante, mais les scientifiques sont des êtres humains comme les autres et la majorité d'entre eux préfèrent avoir la foi plutôt que des doutes. Il est vrai que vivre avec des doutes est moins facile, ceux-ci étant générateurs de grandes insomnies. Pourtant les doutes, tout comme les controverses, sont des éléments essentiels de la science et de la recherche. Les controverses permettent de faire avancer la connaissance et de consolider les savoirs. Une stratégie sophiste extraordinairement intelligente consiste à prendre l'opinion exactement contraire de la majorité et d'examiner jusqu'où on peut aller, c'est comme cela que l'on peut bouleverser la connaissance. Et non pas en suivant et en améliorant les théories dominantes.

En tant que pédagogue, j'essaye d'inculquer le doute à mes étudiants. Je leur explique qu'on ne peut pas être un bon chercheur ni un bon médecin si l'on n'est pas capable de changer d'avis et d'accepter de se tromper. Si je ne suis pas d'accord avec les hypothèses de mes étudiants, je leur propose d'essayer de me faire changer d'avis en s'appuyant sur la littérature scientifique car je ne peux pas tout connaître et la connaissance évolue. Par exemple, c'est grâce aux échanges que j'ai eus avec eux et avec l'appui de la littérature que j'ai appris il y a moins d'un an l'existence de l'irisine, « l'hormone du sport », dont nous avons déjà parlé. Avant cette découverte, on pensait que les effets positifs, comme le bien-être, ressentis après une activité physique étaient dus aux endorphines, les molécules du plaisir, mais cela n'avait jamais été démontré. Le débat sur cette « hormone du sport » datait de plusieurs années. Comme l'irisine n'était pas identifiée par l'analyse génétique traditionnelle, son existence a été niée malgré l'évidence. Avant qu'une équipe ne confirme enfin son existence.

– EN GUISE DE CONCLUSION –

Continuons de chercher…

Avec enthousiasme et humilité. Enthousiasme, parce que la curiosité s'impose quand tant de questions restent encore sans réponse. Et humilité – ou simple lucidité –, car il semble que, même si les efforts de la recherche éclaireront une partie limitée du monde, nous ne saurons jamais tout.

SCIENCE ET MÉDECINE : ENCORE BEAUCOUP À FAIRE…

La science est encore très ignorante dans de nombreux domaines. Et par nature, les théories scientifiques qui tentent d'organiser les connaissances à un moment donné sont destinées à être remplacées, au fur et à mesure des nouvelles découvertes et des changements de paradigme.

Dans mon domaine des maladies infectieuses, la théorie du germe de Pasteur, selon laquelle un germe donne une pathologie, n'est plus entièrement vraie. On sait maintenant que beaucoup de maladies infectieuses sont influencées par la génétique et la sensibilité individuelle aux microbes. Par exemple, nous pensions que la maladie de Whipple, une pathologie que nous avons beaucoup étudiée dans notre laboratoire, était due à une bactérie spécifique. Mais on a ensuite constaté qu'au moins la moitié des gens avait ingéré cette bactérie au minimum une fois dans leur vie, sans développer la maladie. La bactérie ne se multiplie que chez des individus qui sont incapables de se défendre contre elle, c'est donc l'hôte qui est la cause de la maladie et non la bactérie elle-même. La théorie du germe n'est donc pas plus vraie que celle qui affirme que tout est d'origine génétique. Tout est question d'équilibre et d'environnement. Ainsi, nous savons que la deuxième ligne de défense des organismes vivants visibles est l'imperméabilité, c'est-à-dire le fait que notre communauté de microbes (le microbiote) se bat pour empêcher les pathogènes d'entrer et ainsi défendre leur territoire. Si votre microbiote change, vous pouvez tomber malade, car vous perdez la ligne de défense de votre écosystème. On ne peut donc pas expliquer uniquement le développement d'une pathologie par la présence d'un germe.

En médecine, l'arrogance et le déni de la complexité de la vie durant le siècle passé ont conduit à des impasses. Des millions de dollars dépensés pour la recherche sur la tuberculose, le sida et le paludisme n'ont abouti à aucun vaccin utilisable !

La tendance à vouloir généraliser une théorie est une des raisons qui expliquent l'énorme échec scientifique de ces dernières années avec la multiplication des modèles réductionnistes. Il était très arrogant de penser qu'avec de simples éléments (par exemple une cellule et un microbe) sur la paillasse d'un laboratoire, on puisse être capable de reconstituer l'environnement du corps humain et de déterminer les causes d'une maladie. Il y a trop de variabilité et d'inconnues chez l'homme et dans son microbiote. On est en train de se rendre compte qu'une immense partie, peut-être 75 % des résultats publiés dans les meilleurs journaux scientifiques, basés sur des modèles expérimentaux, ne peuvent pas être reproduits dans un autre laboratoire que celui où l'expérience a été conduite. On s'est rendu compte que les résultats étaient entièrement dépendants des conditions expérimentales et que ce n'étaient pas des vérités générales. Tirer des déductions de ces modèles doit donc être fait avec beaucoup de prudence.

Le modèle réductionniste est très culturel, et lié à l'écosystème du laboratoire. Il y a des modes dans la recherche ; à un moment donné, tous les spécialistes de tel domaine vont utiliser telle cellule ou tel milieu de culture. Cela forme un groupe social où les individus s'évaluent les uns les autres. L'écrivain et universitaire britannique David Lodge raconte ainsi dans ses livres la création d'une sous-culture universitaire avec des personnes qui ont le même mode de vie, le même langage, qui se rencontrent lors de congrès autour de la planète et lisent les mêmes journaux. Koestler avait décrit d'une façon similaire le monde des physiciens dans *Les Call-Girls*.

Un travail fascinant, actuellement en cours aux États-Unis, financé par une fondation, montre que parmi les cinquante articles les plus cités en cancérologie et basés sur des modèles expérimentaux, beaucoup contiennent des données qui ne sont pas reproductibles lorsqu'ils sont testés dans d'autres laboratoires ! Cela explique pourquoi tant de candidats médicaments ou vaccins en cours d'essais cliniques ont été arrêtés, faute d'efficacité. Et si l'on utilise toujours aujourd'hui le vaccin BCG, créé il y a cent ans à partir du bacille de la tuberculose bovine rendu non invasif, c'est parce qu'on n'a rien trouvé de mieux ! C'est incroyable quand on sait que des milliards ont été versés pour trouver un nouveau vaccin contre la tuberculose et que des centaines de publications et autant de modèles expérimentaux ont été publiés dans *Nature* et *Science*. La situation est exactement similaire pour le sida (37 000 publications scientifiques sur ce sujet) et le paludisme. En France, une grande équipe a travaillé pendant trente ans sur le vaccin de la shigellose[1] sans mettre non plus au point aucun vaccin. Globalement certains chercheurs sûrs d'avoir raison possèdent une arrogance scientiste et une ignorance de la complexité.

En conclusion, il faut comprendre qu'une partie des résultats de la science actuelle sera conservée et toujours vraie dans un siècle, mais qu'on rira du reste ! C'est pourquoi ceux qui se disent modernes ne devraient pas rire des anciens d'il y a un siècle, qui étaient tout aussi intelligents et lucides que nous. Certains ont écrit des choses incroyables qui ont été souvent malheureusement perdues. Je me souviens d'avoir lu un livre entier sur la prise du pouls, légué par mon arrière-grand-père, un grand médecin et académicien. Même s'il y a une certaine part de fantaisie dans ce texte, je suis sûr qu'une partie est exacte mais qu'on ne peut le vérifier car on a perdu cette subtilité de diagnostic.

1. Maladie infectieuse causée par la bactérie *Shigella*.

Demain, la société : de nouveaux changements

Je ne me permettrai pas de faire des prédictions, ce serait impensable vu tout ce que j'ai dit dans ce livre. Mais certains constats nous permettent de penser que de sérieux changements nous attendent encore, et que pour plusieurs d'entre eux – dont l'avenir des jeunes générations –, le principe de vigilance auquel je suis très attaché impose une réflexion.

La fin de règne des baby-boomers

Dans les années 1970, on a assisté à la prise de pouvoir des baby-boomers. On a appelé à tort ce phénomène le post-Mai 68, comme s'il s'agissait d'un mouvement intellectuel alors qu'en réalité c'était un changement d'écosystème. Durant l'après-guerre, une poussée démographique mondiale, colossale et inexpliquée a modifié de façon considérable les équilibres de la société en Europe et aux États-Unis. Quand cette génération est arrivée à l'âge adulte – ceux qui avaient entre treize et vingt-cinq ans en 1968 –, elle a pris le pouvoir parce qu'elle était numériquement dominante (d'autant que les morts de la guerre avaient affaibli la génération précédente), et ne l'a plus lâché jusqu'aujourd'hui. Je pense que dès qu'il y a une poussée démographique brutale, cela conduit à une prise de pouvoir par la jeunesse majoritaire. Les jeunes ont imposé leurs codes vestimentaires et leur vision du monde, initiant le mouvement de libération sexuelle. Aujourd'hui nous sommes à la fin de la période d'activité des baby-boomers mais ils ont encore du mal à laisser la place à la génération suivante. Un bouleversement se prépare du fait que les personnes de ma génération vont lâcher les rênes. La vague des baby-boomers va devenir une vague de papy-boomers à la retraite, avec les conséquences financières et sociales associées.

Je pense que les modifications actuelles des structures de vote reflètent le souhait d'une partie majoritaire de la population de tourner la page des baby-boomers et de se débarrasser d'une génération qui a fait son temps. Ceux qui leur succéderont vont devoir affronter la montée du racisme et la peur des immigrés, qui sont en partie une conséquence de l'accélération des flux de migration du fait de la mondialisation (même si c'est beaucoup moins le cas en France que dans d'autres pays d'Europe). Les migrants aujourd'hui prennent les routes que les Européens ont ouvertes à l'époque de la colonisation. C'est un phénomène d'écosystème tout à fait naturel : une fois qu'une voie est tracée, elle est forcément à double sens. Les Français ont colonisé il y a cent ans des pays du Maghreb, du Moyen-Orient et d'Afrique subsaharienne, il est donc naturel que les habitants des anciens pays francophones viennent chez nous aujourd'hui !

Le gynocène : l'ère des femmes

Un autre phénomène majeur et unique dans l'histoire humaine est la prise de pouvoir progressive de nos sociétés par les femmes, ce que l'on pourrait qualifier de « gynocène ». Si ce mouvement se poursuit, il pourrait instaurer pour la première fois un matriarcat réel, comme le prévoit Emmanuel Todd[1]. Cela se traduit par une guerre sans concession. Les hommes meurent partout plus jeunes que les femmes. La performance de ces dernières dans l'éducation est supérieure à celle des hommes de façon très significative depuis plus de vingt ans et, en France, la performance des garçons issus de milieux défavorisés régresse encore. La population carcérale, passée de 50 000 à 77 000 prisonniers au XXIe siècle en France (sans augmentation tangible de la criminalité), compte 97,5 % d'hommes. Les sans-abri sont à 95 % des hommes. Depuis 2008, le chômage a augmenté de 64 % chez les hommes où l'on compte près de 300 000 demandeurs d'emploi de plus. Les hommes meurent aussi treize fois plus de suicide que les femmes. Les hommes sont de plus en plus exclus de la société sans que personne ne crie au sexisme. La dominance sociale des femmes se traduit par le fait que tous les domaines dans lesquels elles sont devenues majoritaires ou privilégiées ne font pas débat. À l'inverse, ceux où elles ne le sont pas font l'objet de réactions violentes, en particulier contre le « plafond de verre », reliquat des modes de sélection en faveur des hommes du XXe siècle. Les femmes réussissent désormais mieux que les hommes dans les domaines littéraires et dans l'écriture, les écrivains les plus vendus depuis le XXe siècle sont des femmes. Dans la santé et la biologie, elles dominent très clairement, à l'exception des métiers où la présence physique sur le lieu de travail est un moyen de sélection des 30-40 ans. À cet âge, les jeunes mamans ont une disponibilité limitée pour

1. *Le Mystère français*, en collaboration avec Hervé Le Bras, Seuil, 2013.

le travail, et le retour de l'allaitement va augmenter cette différence malgré la volonté de partager les tâches. La loi de la Nature est dure mais c'est la loi.

En revanche, dans les arts plastiques, y compris la bande dessinée, les femmes ne sont pas aussi performantes que les hommes, comme en témoigne l'analyse des artistes les plus célèbres des trente dernières années. Cela a peut-être un lien avec la faible proportion de femmes dans ce domaine (12 %). Elles sont aussi minoritaires en physique et sciences de l'ingénieur. Elles sont actuellement moins performantes en mathématiques. Lawrence Summers, président de Harvard, ayant suggéré que cette moindre performance serait liée à des différences naturelles, a été obligé de démissionner ! Comme a également dû le faire le prix Nobel de médecine Tim Hunt après avoir plaisanté sur le danger de tomber amoureux de collègues femmes scientifiques. Cette guerre est sans merci et les modifications sociales du « gynocène » sont imprévisibles. Nous sommes à l'aube d'une révolution sociale totalement inédite dans l'Histoire.

Éducation : l'ignorance mathématisée des jeunes générations

Les dernières réformes scolaires en France jouent un rôle dans la situation d'ignorance actuelle car l'absence de formation en sciences humaines et sociales, l'ignorance totale de l'Histoire, aussi bien la nôtre que celle des autres pays, amènent à des visions déconnectées de toute connaissance, comme par exemple les notions fausses de « Français de souche » ou de « France éternelle ». L'histoire et la géographie perdent leur place dans le système éducatif au profit des mathématiques qui, selon moi, sont inutiles à 99 % (personne ne se sert de la trigonométrie, cela n'a pas de sens). Au lieu de cela, on abandonne le français en première et la philosophie n'est enseignée qu'en terminale et encore, seulement dans les filières généralistes, c'est terrible et attristant !

Le développement d'une ignorance mathématisée est le garant de l'écroulement de notre civilisation. Cela laisse la place à tous les discours les plus simples, les plus réducteurs et les plus ridicules. Ceux qui prennent Jeanne d'Arc comme symbole de la France ont une vision déraisonnable de l'histoire de notre pays, dérivée des récits romancés de Michelet. La France était avant le royaume des Capétiens, dont les frontières fluctuaient en fonction des mariages, des guerres et des achats et ventes (la Corse ou la Louisiane). Les Français étaient les sujets d'un roi de droit divin.

Il est pourtant essentiel de connaître l'Histoire, celle des civilisations grecque et romaine, de la naissance et de l'écroulement des empires, des invasions barbares et de la colonisation. Cela permet d'appréhender la mobilité permanente du monde et de cesser de croire que les populations, les frontières ou l'Histoire sont fixes. Cette prise de conscience est un remède aux simplifications populistes et à leur nostalgie d'un passé fantasmé. Les mêmes regrets du passé ont conduit au fascisme de Mussolini, qui voulait recréer l'Empire romain, et au nazisme, qui espérait recréer pour mille ans le Saint Empire germanique. Des politiciens à la tête d'un peuple ignorant peuvent lui faire croire n'importe quoi. Les néoréactionnaires qui regrettent l'époque d'antan devraient se souvenir qu'en France, au sortir de la dernière guerre, seulement 10 % des maisons avaient des toilettes et 10 % des Français un moyen de transport, nombreux sont ceux qui connaissaient la faim, les retraités mouraient encore de froid. Qui peut regretter raisonnablement cela ? Si l'on ne fait pas un grand pas dans l'éducation et dans la diffusion de la connaissance, on ira vers des politiques de plus en plus aberrantes. Au-delà du socle de base (savoir lire, écrire, compter et réciter), je pense qu'il est primordial d'apprendre l'histoire et la géographie plus que les mathématiques, et pourtant je suis un scientifique ! La biologie (le fonctionnement du corps et des êtres vivants) est elle aussi plus importante à connaître que les fonctions dérivées et la trigonométrie, pour mieux comprendre le monde et aussi mieux comprendre notre fonctionnement. Les politiques ne devraient pas s'exprimer avec des mots creux, des symboles simples et clivants, mais avec du savoir tout simplement.

Quant au mystère de la vie...

Les religions, tout comme les théories scientifiques, sont cependant des tentatives d'organisation des éléments insaisissables pour les rendre compréhensibles et cohérents. Au fond, l'arbre de vie de Darwin (*Tree of life*) était inspiré d'une image et d'un terme bibliques. Cette vision de l'évolution est fausse, on le sait aujourd'hui, mais il se peut toutefois que la religion à un moment donné soit en accord avec la connaissance scientifique. Il n'y a cependant pas de raison, selon moi qui n'adhère à aucune religion, que l'explication du monde offerte par les religions monothéistes soit plus raisonnable que celle de l'hindouisme ou du bouddhisme. Pour l'instant, la science moderne, qui a été inventée par les Occidentaux, est calée sur notre mode de pensée mais cela pourrait changer.

Les philosophes postmodernes, pour beaucoup membres de l'école de pensée de Vincennes, étaient tous des post-nietzschéens, qui ne croyaient pas qu'une civilisation unique (la civilisation européenne) puisse expliquer l'ensemble du monde. Ils ne croyaient ni à la culture judéochrétienne ni à la rationalité cartésienne ni à la rigueur allemande. Au contraire, ils soutenaient l'existence de plusieurs civilisations avec différentes manières de penser, les unes et les autres pouvant contribuer de manière complémentaire à la pensée vivante du monde.

La physique quantique, quant à elle, est totalement incompatible avec notre structure mentale. Pourtant cette théorie a été découverte et confirmée en Occident au début du XXe siècle. Il est frappant de constater que nous n'avons pas réussi à intégrer intellectuellement les enseignements de la physique quantique, à l'exception peut-être des romans de science-fiction, en particulier ceux de Philip K. Dick. Nous n'avons pas réussi à vulgariser cette connaissance car elle constitue un antagonisme avec notre système de pensée. Quand le dernier prix Nobel de physique affirme que plusieurs passés coexistent, c'est une idée très difficile à accepter. Les physiciens quantiques pensent qu'au même moment plusieurs passés, plusieurs présents et plusieurs futurs coexistent. Cela s'oppose à notre vision du monde judéochrétienne et linéaire, selon laquelle des catastrophes se produisent régulièrement pour punir les hommes de leurs fautes. Seul Teilhard de Chardin en a tenté la synthèse.

Le problème des religions ne vient pas des religions elles- mêmes. Les religions contiennent, pour la plupart, une explication du monde, écrite à un moment donné, et qui est soumise (dans la plupart des religions) à une interprétation en adéquation avec l'époque où vivent les croyants. Le problème n'est pas réellement la religion mais les fondamentalistes qui font une lecture littérale des Textes, et refusent une interprétation compatible avec nos connaissances actuelles, maintenant le dogme tel qu'il était écrit à une époque où la connaissance était bien moins complète.

Concernant le mystère des origines, personne ne peut imposer son point de vue. Personnellement, en tant qu'évolutionniste, je pense comme beaucoup de gens qui travaillent dans ce domaine que les choses ont commencé par des molécules d'ARN et qu'au fur et à mesure le monde s'est stabilisé après la créativité initiale dans une marmite hyperactive, grâce aux systèmes les plus solides et les plus efficaces, ce qui a donné l'ADN, puis les usines à fabriquer les protéines, puis les organismes. Cette théorie souffre cependant d'une quantité de trous trop importante pour pouvoir expliquer ce qui se passait vraiment à l'origine. Comme le dit mon ami E. Bapteste, le passé est aussi imprévisible que le futur, car il manque autant d'éléments pour décrire les origines que pour prédire le futur.

Cette théorie, qui me paraît la plus juste, n'est pas plus établie que celle de la panspermie qui postule que la Terre a été colonisée à partir de planètes externes par une forme de transmission de l'information unique (l'ADN) qui expliquerait qu'il n'existe pas de diversité dans la transmission de l'information. Cette théorie postule que celle-ci remonte à une origine unique. Les théories issues de l'interprétation des origines que donne le jésuite Teilhard de Chardin ne sont pas plus incompatibles que celles des rabbins qui y voient l'incapacité des hommes à entièrement comprendre le message divin traduit dans la Bible. Ce qui laisse la part aux interprétations par les théoriciens de l'époque dans laquelle ils vivent. De la même façon, les musulmans chiites interprètent les textes et les traduisent en quelque chose de contemporain qui est compréhensible et adapté. C'est à l'inverse des fondamentalistes – protestants, catholiques, ou musulmans – qui refusent d'interpréter les données et n'acceptent pas la médiation d'un sage entre les écrits historiques et la pensée moderne. Je ne me vois pas distribuer des certificats d'authenticité à une théorie plutôt qu'une autre. Il y avait beaucoup de sceptiques et d'athées dans les temps préscientifiques et il y a beaucoup de croyants à notre époque ! Il n'y a pas de relation simple entre pensée scientifique et croyance religieuse. La volonté exprimée dans ses dernières œuvres par R. Dawkins d'imposer une vision scientifique rationnelle sur les origines est l'entrée dans une nouvelle religion dont nous avons vu qu'elle a fait l'objet d'un épisode désopilant de *South Park* où il devient prophète et un demi-dieu adoré plusieurs décennies après sa mort. De ce point de vue-là, comme souvent, les humoristes ont permis de voir le passage de leur frontière entre la théorie scientifique et la nouvelle religion. R. Dawkins a maintenant un site de « gourou » et pour 50 000 dollars vous pouvez manger avec lui. Personnellement, et pour paraphraser Arthur Rimbaud : « Je ne me crois pas embarqué pour une noce avec R. Dawkins (Jésus-Christ pour Rimbaud) pour beau-père. »

En pratique, et pour terminer, le monde est en évolution continuelle. Nous les humains jouons un rôle dans cette évolution et dans ce mouvement. Ainsi, il nous faut accepter ce mouvement permanent et il est vrai que la « théorie de la Reine rouge » en est l'un des exemples les plus clairs. Celui qui arrête de courir recule. On voit bien que ce mouvement perpétuel n'est pas susceptible d'être accepté par tout le monde. Certains, qui changent de nom au cours des époques, choisissent de croire au mouvement. C'est la querelle des Anciens et des Modernes, les Anciens ne voulaient pas accepter le mouvement. Les conservateurs contre les révolutionnaires ont renouvelé le conflit. Le mouvement n'appartient à aucun parti, à aucune religion, à aucun clan. Il fait simplement partie d'une nature. Ainsi, les progressistes se retrouvaient à gauche au XIXe siècle et au début du XXe. Une forme de conservatisme au contraire très marqué se retrouve maintenant à gauche (défense des acquis) et d'une façon ultime chez les écologistes et leur principe de précaution. En réalité, nous n'échapperons pas au tapis roulant qui file sous nos pieds en s'accélérant. Il est vraisemblable que nous ayons besoin d'un accélérateur (les progressistes) et d'un frein (les conservateurs) pour un mouvement intelligent des sociétés. Il ne sert à rien de regarder le passé avec nostalgie, nous ne le retrouverons pas et la mythologie, que nous construisons, d'un passé plus agréable et plus facile est factice. Elle ne nous empêchera pas de devoir faire face aux mouvements et aux changements qui ne manqueront pas d'arriver.

– TABLE DES MATIÈRES –

– Deuxième partie –

À LA DÉCOUVERTE DES ÊTRES VIVANTS… DES SURPRISES DE TAILLE !

– Troisième partie –

LES ÊTRES HUMAINS DES ORIGINES À NOS JOURS : L'EXPLOSION DES MYTHES ET DES IDÉES REÇUES

– Quatrième partie –

AUJOURD'HUI LE CHANGEMENT, DEMAIN L'INCONNU

Direction littéraire
Huguette Maure et Sabine Casalonga
assistées de
Laurie Beck

Mise en pages PCA
44400 Rezé

Imprimé en Espagne
Dépôt légal : avril 2016
N° d'impression : 01
ISBN : 978-2-7499-2779-4
LAF : 2133